初學者也能 **在家** 做出不輸專賣店的麵包

了解原理就不會失敗！
麵包入門必修課

K.K.Baker ——著

楓葉社

前言

在指導大家製作麵包的過程中，
我最重視「讓大家了解每個步驟的意義」。

為什麼添加這個材料？為什麼要揉麵團？為什麼必須發酵？
為什麼以這個溫度烤焙⋯⋯

了解製作麵包過程中所有疑問的「意義」，有助於掌握成功與失敗的方法。

比起完全按照食譜一個口令一個動作，充滿自信地做麵包更不容易失敗，樂趣也會跟著加倍！

自2018年起，我開始在YouTube上傳製作麵包的影片，吸引不少人看影片跟著一起做麵包。

這本書所收錄的食譜，主要是影片中最受歡迎的數種麵包，整體架構旨在讓大家確實培養製作麵包的能力。

為了讓初學者也能成功做出麵包，特別重新打造能夠輕鬆掌握麵團配方的食譜。為了盡量減少賣力製作麵包的人受挫的可能性，每一道食譜都附有影片教學。

希望大家做麵包時都能零失敗，更希望大家都能做出人人稱讚的美味麵包。

我認為製作麵包的過程能讓人確實感受到自我成長，更是一種能讓所有人感到開心的「最佳嗜好」。

誠心希望透過這本書將製作麵包時的喜悅傳遞給所有人。

K.K.Baker

CONTENTS

PART 1
透過目標口感學習做麵包
基礎麵包教學

PART 2
無須賣力「揉麵團」
也能製作麵包

本書使用方法

- 本書使用「山茶花（Camellia）」高筋麵粉、「紫羅蘭（Violet）」低筋麵粉。使用他牌產品時，加水量可能有所不同，請大家視情況進行調整。
- 使用白砂糖和無鹽奶油。
- 使用烤箱的發酵功能（請事先詳閱烤箱的使用說明書）進行麵團發酵作業。家用烤箱沒有發酵功能時，請參閱p.6。
- 為了方便觀察發酵狀態，建議稍微掀開保鮮膜進行比較。
- 本書設定的烤焙溫度與時間皆以電烤箱為準（若使用瓦斯烤箱，請自行調降10℃左右）。烤焙狀態依烤箱機種而有些許差異，請視情況調整食譜提供的烤焙溫度和時間。
- 假設室溫為20～25℃。
- 以600W微波爐為基準。

關於影片教學連結（QR code）
- 教學影片內容皆為日文，無中文字幕。
- 外部連結之內容有可能變動或移除，本社不負任何管理責任。
- 因外部連結而衍生之相關問題，本社不承擔任何責任，也不提供諮詢服務。

麵包製作入門

首先，該如何
簡單又輕鬆地
成功做出
麵包呢？

基本步驟

1

秤重並揉和
製作麵團
🕐 作業時間基準
10-20min

使用最小測量單位為1g的磅秤，精準秤重。不同形式的麵團有不同揉和方式，請確實掌握目標口感的揉麵團方式。

POINT

建議在廚房工作檯或桌上揉麵團。務必事先以食用酒精消毒檯面，或者鋪一塊市售的「揉麵墊」。

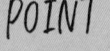

市售的人工大理石、矽膠、木製等各種材質的揉麵墊。

揉麵墊

2

發酵
基本發酵
🕐 作業時間基準
50-60min

將麵團置放於酵母容易發揮作用的溫度（32～35℃）下，進行第一次基本發酵。發酵時間以麵團大小為依據。

POINT

本書使用烤箱的發酵功能，所需時間會比較長，但如果是炎熱的夏天，直接置於室溫下發酵也可以。另外也可以透過下列方式進行發酵。

平底鍋裡倒入大約50℃的熱水（高度約和盆中的麵團一樣高），發酵時間同烤箱的發酵功能所需時間（以麵團大小為依據）。

小麥麵粉 + 鹽 + 酵母 + 水 +壓力（揉和）

透過揉和「小麥麵粉＋鹽＋酵母＋水」施以壓力，形成一種名為麵筋的蛋白質，使麵粉結合成團塊。

麵粉中的糖供給酵母發酵所需要的營養。酵母發酵時產生氣體並充滿麵筋的網狀結構，進而使麵團膨脹變大。

當麵團確實飽含酵母發酵作用產生的氣室和鮮味，便能烤焙出又香又鬆軟的美味麵包！

構成麵包的基本材料是「小麥麵粉、鹽、酵母、水」，其他另行添加的食材則稱為副材料。

※麵包製作的所需材料和功用，請詳見p.8。

3
塑造形狀 ➜

整形

🕐 作業時間基準
10-15min

經分割麵團、靜置休息（鬆弛）後，賦予麵團各式各樣的外型。

—— POINT ——

為了讓麵團放鬆好方便造形，必須進行「鬆弛」讓分割滾圓後的麵團獲得充分休息。

4
再次進行發酵 ➜

最後發酵

🕐 作業時間基準
30-60min

在整形過程中，麵團裡的氣體會逐漸跑掉，必須再次進行發酵使其再度產生足夠氣體。

—— POINT ——

有些麵包沒有整形過程，也就無須進行最後發酵。

不想以烤箱進行最後發酵時，可於大托盤中倒入50℃的熱水，並將麵團連同烤盤置於大托盤上進行最後發酵。發酵時間同烤箱發酵功能所需時間（以麵團大小為依據）。

5
➜ 烘烤

烤焙

🕐 作業時間基準
10-25min

放入烤箱中烘烤。

※本書食譜僅使用烤箱下火。

—— POINT ——

烤焙完成的麵包，需要立即自烤箱中取出並擺放於網架上置涼。

\ 出爐！ /

麵包製作的所需材料

4種基本材料！

製作麵包最少需要4種基本材料。
讓我們一起來了解這4種材料各自的功用。

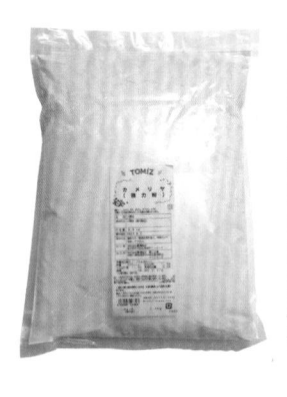

小麥麵粉

本書使用「山茶花（Camellia）」高筋麵粉和「紫羅蘭（Violet）」低筋麵粉

製作麵包主要使用「高筋麵粉」。高筋麵粉加水並揉和會形成麵筋，當酵母的發酵作用所產生的氣體充滿麵筋的網狀構造，麵團於烤焙過程中會逐漸膨脹。部分種類的麵包則另外需要「低筋麵粉」。

高筋麵粉和低筋麵粉的差異

這兩種都是小麥麵粉，但構成麵筋的蛋白質含量不一樣。高筋麵粉的蛋白質含量高，形成的麵筋多，製作出來的麵包兼具彈性與咀嚼感。而低筋麵粉的蛋白質含量低，成品通常較為脆口且容易咬斷。想製作清爽口感的麵包時，可以搭配高筋麵粉和低筋麵粉混合使用。

速發乾酵母

本書以「乾酵母」簡稱。酵母會行發酵作用使麵團膨脹變大。顆粒狀酵母方便使用，可以直接倒入粉類或液體中。開封後若沒有使用完，請放入密封容器並置於冷藏室裡保存。建議選購3g分袋包裝的乾酵母。

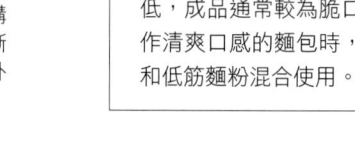

鹽

本書使用「粗鹽（天然鹽）」

鹽除了用於調味，也用於強化麵筋，增加延展性。由於精緻鹽的重量不同，請務必使用粗鹽。

水

小麥麵粉加水並揉和會形成麵筋。另一方面，酵母最活躍的溫度是32～35℃，麵團溫度若太低，不容易產生發酵作用，這時候可以添加一些溫水（溫度大約40℃前後）。

副材料

基本材料以外的添加材料。除了增添濃郁度和風味外，
透過不同組合還能增加口感的豐富性。

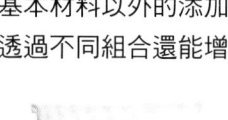

砂糖

本書使用白砂糖

除了增加甜度，也因為保水性佳，能有效使麵包變柔軟，並增加麵包的保鮮期限。糖分同時也是酵母進行發酵作用時的養分。

奶油

使用無鹽奶油

奶油可增添風味，也可以增加麵團延展性，使麵包順利膨脹變大。先將奶油置於室溫下軟化後，再和麵團混拌在一起。

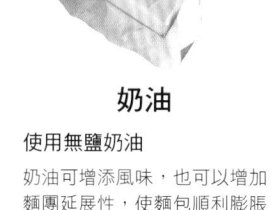
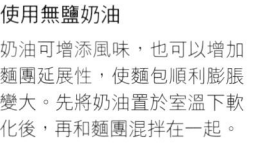

牛奶

使用成分無調整鮮奶

可用於取代水分（或部分水分），既可增添麵團的奶香味與濃郁度，還有助於緊實麵筋，增加烘烤顏色。

雞蛋

除了能增加風味與香氣外，雞蛋中的卵磷脂是天然乳化劑，具有使麵包更柔軟精緻的效果。

其他材料

以糖分、油脂、乳製品為中心，
介紹各種配合不同用途所使用的材料特色。

＼ 可取代
砂糖 ／

水飴

主要成分為麥芽糖，讓麵包經烤焙後不容易變成褐色。保水性佳，讓麵包更濕潤且鬆軟。

蜂蜜

保水性佳，即便烤焙時間長，依然能使麵團保持濕潤狀態。特色是烤焙時容易上色。

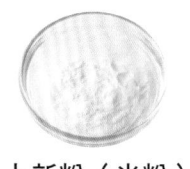

＼ 可作為部分
水分使用 ／

原味優格

優格中的乳酸菌和酵母有相得益彰的效果，以天然酵母製作的優格能使麵包味道更具層次。

純正鮮奶油

使用乳脂肪含量高達36％的鮮奶油。增加濃郁風味和入口即化且濕潤的口感。請勿使用發泡鮮奶油（含植物性脂肪）。

＼ 可取代
奶油 ／

橄欖油

使用在充滿橄欖油香氣的麵包上。比起奶油，添加橄欖油的麵團比較不會膨脹，烤焙後的口感更為酥脆且容易咬斷。

馬鈴薯粉

原料是馬鈴薯，澱粉含量高，添加於麵團中幫助增加Q彈口感。由於能確實包覆咖哩，是製作咖哩麵包時不可或缺的重要材料。

＼ 其他 ／

上新粉（米粉）

以粳米加工製成，最大特色是不含筋性。可用於防止麵團沾黏，也能使在麵團表面劃切痕（coupe）時更加方便。

山茶花（Camellia）高筋麵粉、紫羅蘭（Violet）低筋麵粉、速發乾酵母、粗鹽、白砂糖、水飴、蜂蜜、鮮奶油（中澤鮮奶油36％）、橄欖油（BARBERA ALIVE特級初榨橄欖油）、馬鈴薯粉、（Potato Flakes）、上新粉／富澤商店

了解何謂目標「口感」！

透過這張表，可以清楚知道麵包出爐時的「口感」。事前掌握目標口感所屬的「麵包種類」和「麵團特徵」，幫助了解麵包製作過程所代表的各種意義。

口感矩陣圖

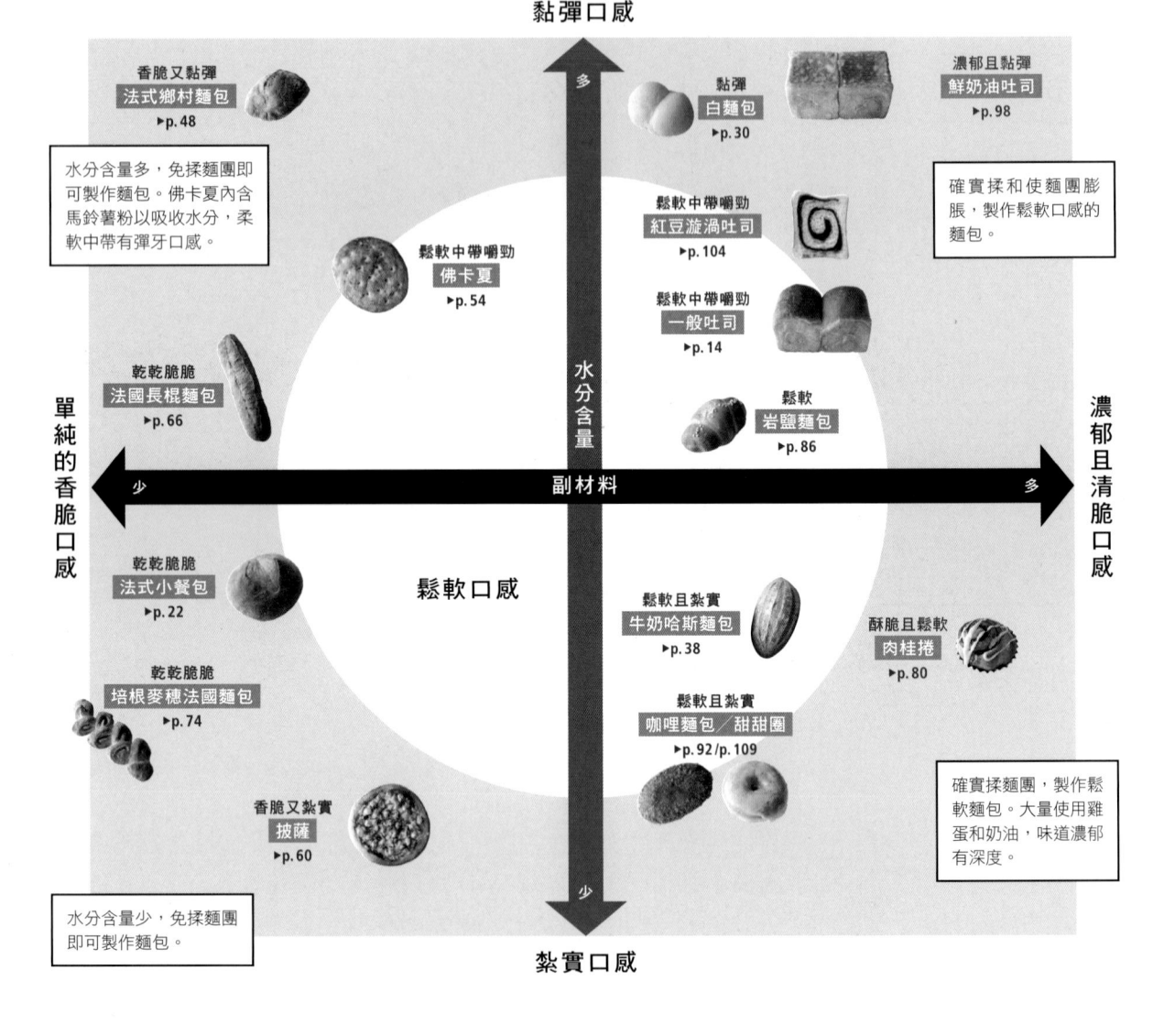

黏彈口感

香脆又黏彈
法式鄉村麵包
▶p. 48

水分含量多，免揉麵團即可製作麵包。佛卡夏內含馬鈴薯粉以吸收水分，柔軟中帶有彈牙口感。

黏彈
白麵包
▶p. 30

濃郁且黏彈
鮮奶油吐司
▶p. 98

確實揉和使麵團膨脹，製作鬆軟口感的麵包。

鬆軟中帶嚼勁
佛卡夏
▶p. 54

鬆軟中帶嚼勁
紅豆漩渦吐司
▶p. 104

鬆軟中帶嚼勁
一般吐司
▶p. 14

乾乾脆脆
法國長棍麵包
▶p. 66

鬆軟
岩鹽麵包
▶p. 86

單純的香脆口感　少 ← 副材料 → 多　濃郁且清脆口感

水分含量

鬆軟口感

乾乾脆脆
法式小餐包
▶p. 22

鬆軟且紮實
牛奶哈斯麵包
▶p. 38

酥脆且鬆軟
肉桂捲
▶p. 80

乾乾脆脆
培根麥穗法國麵包
▶p. 74

鬆軟且紮實
咖哩麵包／甜甜圈
▶p. 92/p. 109

確實揉麵團，製作鬆軟麵包。大量使用雞蛋和奶油，味道濃郁有深度。

香脆又紮實
披薩
▶p. 60

水分含量少，免揉麵團即可製作麵包。

紮實口感

水分含量多的麵包	水分多不容易烤透，因此經高溫烤焙後，表面會變得酥脆。另一方面，水分多留在內側，因此內部較為濕潤鬆軟。
水分含量少的麵包	水分含量較少，容易有小麥麵粉聚結在一起的感覺，使麵包因密度高而口感較為紮實。
副材料添加量多的麵包	奶油和雞蛋的風味強烈，麵包的味道與口感相對濃郁且豐富。
副材料添加量少的麵包	使用的材料都極為簡約，能確實品嘗到小麥原有的風味與發酵產生的味道。

透過階梯式圖表
提升麵包製作技巧！

本書收錄的所有麵包，無論從哪一種開始著手都 OK，但想要進一步磨練技巧的話，建議按照順序逐漸推進。
請參考以下麵包製作所需技術的難易度表與階梯式圖表。

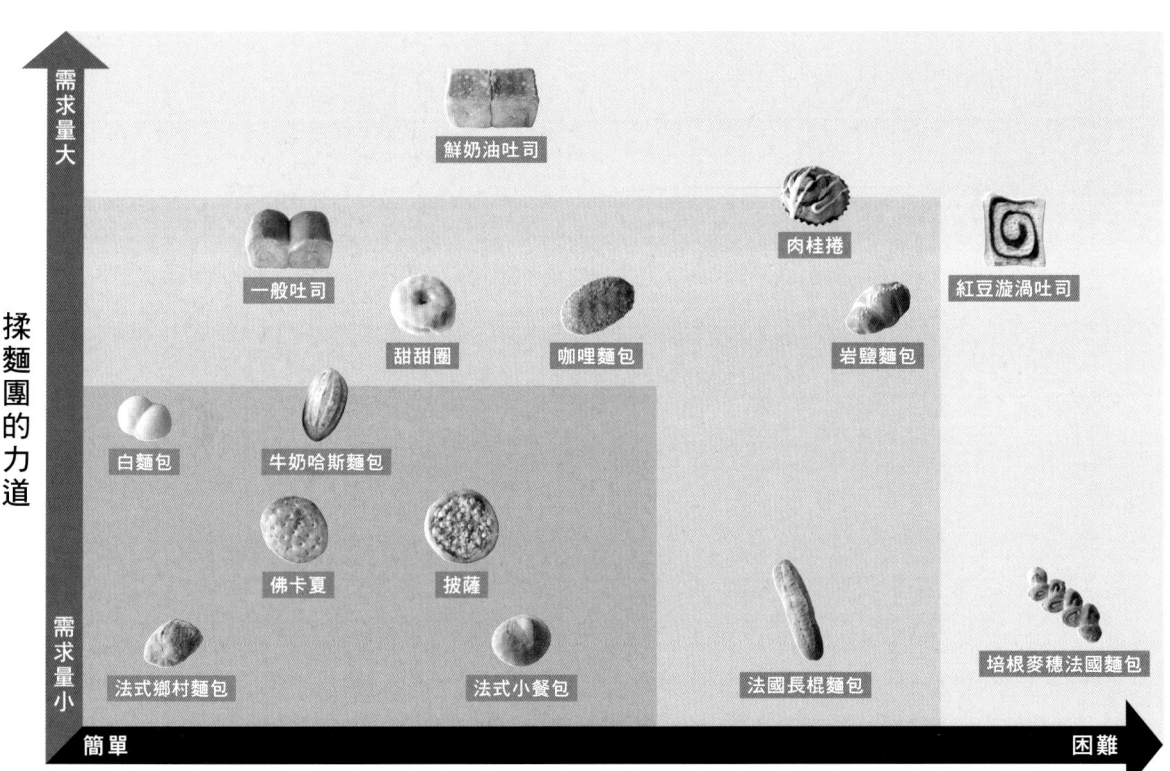

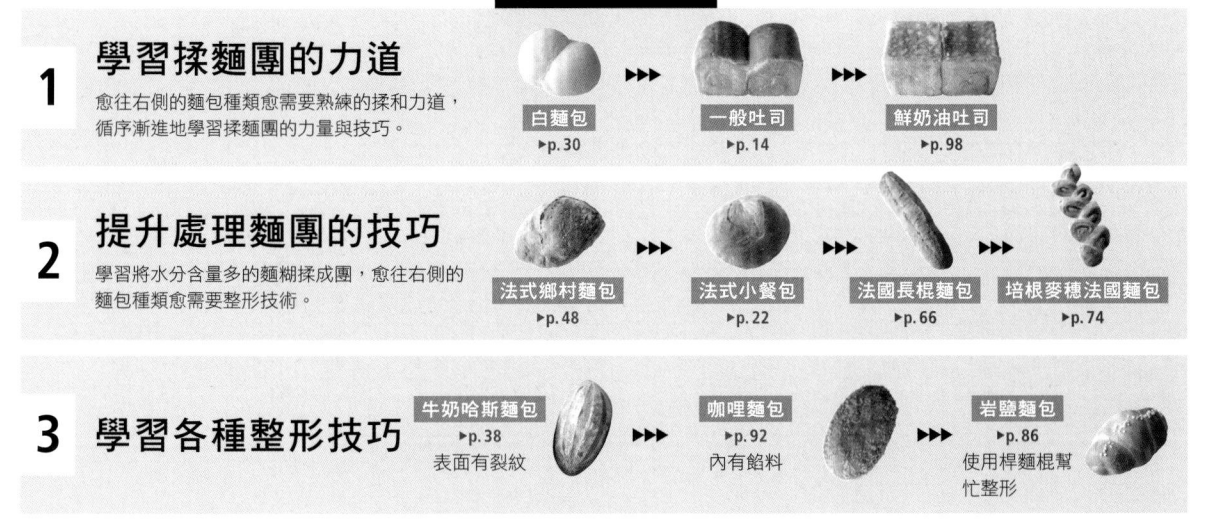

活用烘焙比例！

只要了解烘焙比例，就可以隨心所欲烤焙適合大小與分量的麵包！
雖然看似困難，但其實只是簡單的小學數學。
熟悉後就能自由活用烘焙比例，享受製作麵包的樂趣。

何謂「烘焙比例」？

所謂烘焙比例，是指將小麥麵粉重量的比例設定為100，其他材料再以此為基準對應比例。只要知道相對於小麥麵粉的所占比例，即使改變麵包分量，也依舊能夠維持固定的麵包品質。

方塊型　1磅長條型　圓柱型

透過烘焙比例，也可以烤焙出不同形狀的麵包。

舉例來說，想要以一般吐司（p.14）的麵團烤焙方塊型的小型吐司時

	1磅分量	烘焙比例
高筋麵粉	250g	100 ⒷⒷ
砂糖	20g	8
鹽	5g	2
乾酵母	3g	1.2
水	170g	68
無鹽奶油	20g	8
麵團重量	468g	187.2 Ⓐ

← 粉類設定為100

以粉類為基準，各種材料的對應比例

① 首先計算粉類重量

> 烤模體積 ÷ 麵團膨脹率（3〜3.5）＝麵團重量

> 上述計算所得之麵團重量 ÷ 麵團重量的烘焙比例 × 粉類烘焙比例＝粉類重量

方塊型烤模的體積為 $6 \times 6 \times 6 = 216$ cm³
體積216÷膨脹率3＝麵團重量72g　Ⓐ
※為了方便計算，將膨脹率設定為3

麵團重量72g÷麵團重量的烘焙比例 187.2 ×
粉類烘焙比例 100＝粉類重量38.4g
　　　　　　Ⓑ

▼

② 以粉類重量38g為基準，透過烘焙比例依序計算出各種材料的所需重量。

實際使用材料		計算方式（四捨五入）
高筋麵粉	38g	38×100%（1）＝38g
砂糖	3g	38×8%（0.08）＝約3g
鹽	1g	38×2%（0.02）＝0.8→約1g
乾酵母	0.5g	38×1.2%（0.012）＝0.45→約0.5g
水	26g	38×68%（0.68）＝25.8→約26g
無鹽奶油	3g	38×8%（0.08）＝約3g
麵團重量	71g	38×187.2%（1.872）＝71.1→約71g

▼

③ 根據這個比例一起來烤麵包吧！

附有影片教學

每款麵包皆附影片教學，可以看到實際手部動作，請大家跟著一起做！

影片教學

一般吐司1
＊秤重〜基本發酵

請大家掃描各頁的 QR Code

PART 1

透過目標口感
學習做麵包
基礎麵包教學

以鬆軟口感為目標，需要確實揉和麵團的麵包。

打造酥脆口感，不需要過度揉和麵團的麵包。

做麵包時要隨時意識「目標口感」，確實了解麵包製作過程中的每一個「為什麼」。

LESSON

一般吐司

麵團種類　吐司麵團　　難易度　★★

這是一款每天吃也不會膩的一般入門款吐司。從製作過程中學會揉麵團、發酵、整形、使用烤模烤焙等麵包製作的基本功，下次再製作麵包時就會更加得心應手！想要成品有鬆軟且具嚼勁的口感，最重要是充分揉和，讓麵團確實聚集在一起。這樣不僅能做出極為鬆軟的麵包，做成吐司也同樣美味且充滿香氣！

材料

	1 斤分	1.5磅分量	烘焙比例
高筋麵粉	250g	400g	100
砂糖	20g	32g	8
鹽	5g	8g	2
乾酵母	3g	5g	1.2
水	170g	272g	68
無鹽奶油	20g	32g	8
麵團重量	468g	749g	187.2

其他 高筋麵粉…適量
無鹽奶油（烤模用）…5g

Memo
吐司烤模（1磅）

使用內容量為9.5×17.5×高9cm（上端開口為9.5×18.5cm）的1磅型烤模。這裡不使用蓋子，假設使用蓋子，則可以烤出方形吐司（p.98鮮奶油吐司、p.104紅豆漩渦吐司）。

先從簡單版的山形吐司開始著手吧！

烤焙1.5磅分量的吐司時
除了在步驟12～13中，將麵團分成3等分，在步驟20中將麵團放入烤模的兩端與中間外，其餘步驟同1磅分量吐司的作法。烤焙溫度為180℃，時間為30～35分鐘。

準備

▶ 使用電子磅秤量秤材料。

最小測量單位為1g，精準秤重。

▶ 麵團用、烤模用奶油事先置於室溫下變軟。

▶ 將水加熱至40℃左右。若使用微波爐加熱，約30～40秒。

酵母最活躍的溫度為32～35℃。麵團溫度過低不易發酵，可以添加溫水以提升麵團溫度。

影片教學
一般吐司
＊秤重～基本發酵前

製作麵團　在鋼盆中成團

▼

1

鋼盆裡倒入**高筋麵粉**、**砂糖**、**鹽**、**酵母**，然後添加**溫水**。

這種拿法
比較容易出力

2

用橡膠刮刀充分攪拌粉類和水。麵糊成團後，再以刮板將麵團移至工作檯。

POINT

用力擠壓麵團

由於高筋麵粉吸水率高，容易造成某部分吸收過量水分，務必充分攪拌均勻。建議在攪拌過程中改用握拳抓握橡膠刮刀的方式，像是擠水般將麵團壓向鋼盆內側以進行翻攪。

4

滾圓麵團。如上圖，將麵團滾圓至表面光滑。麵團置於工作檯上，將麵團外側向下摺疊，轉個方向重複相同動作，來回數次使表面變光滑。

POINT

利用摩擦原理

利用在工作檯上旋轉麵團所產生的摩擦力，讓麵團表面變光滑。另外也可以在手上滾圓麵團（步驟14），但分割前的麵團量比較多，不太適合尚未熟悉的初學者。

K.K.Baker

為什麼要揉麵團？

揉麵團是讓麵團充分膨脹且增加彈性的重要步驟。小麥麵粉加水且施加壓力，才得以形成麵筋。而麵筋的網狀結構使麵團具有彈性，當酵母發酵所產生的二氧化碳充滿網格，麵包自然因膨脹而變大。

累了稍微
休息一下

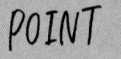

6

奶油吸收進麵團後，整理成圓形並用雙手覆蓋麵團，以左右交替向前滾動的方式揉和。藉由麵團與檯面的摩擦使表面變光滑。大約進行100～150次。

7

慢慢拉開麵團呈薄膜狀態，可以隱約看見對側手指就OK了。無法均勻拉開，或者薄膜一下子就破掉，代表需要繼續揉和。

POINT

**檢查是否
形成麵筋**

能夠拉開呈薄膜狀態，代表確實形成麵筋。揉得不夠時，薄膜會如下圖所示般破裂。

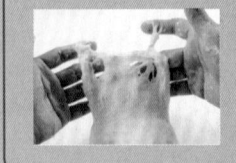

工作檯上揉麵團

有耐性地揉和
15～20分鐘

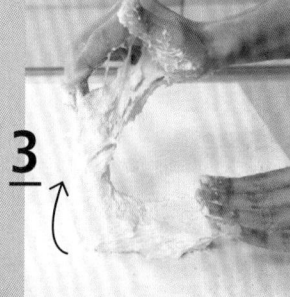

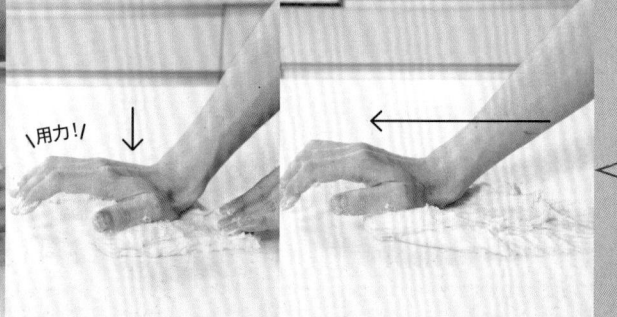

用力!

POINT

將沾黏於手上的麵糊聚攏在一起

隨時善用刮板將黏於手上的麵糊聚攏成團。

3

對摺麵團並以手掌根部用力下壓且推向遠方。重複數次。雖然揉成團塊需要花點時間，但隨著揉和動作的進行，會自然逐漸聚合成團。一直揉至麵團有彈性且不容易延展（麵團表面還有些不平整的狀態）。

放入奶油後揉和

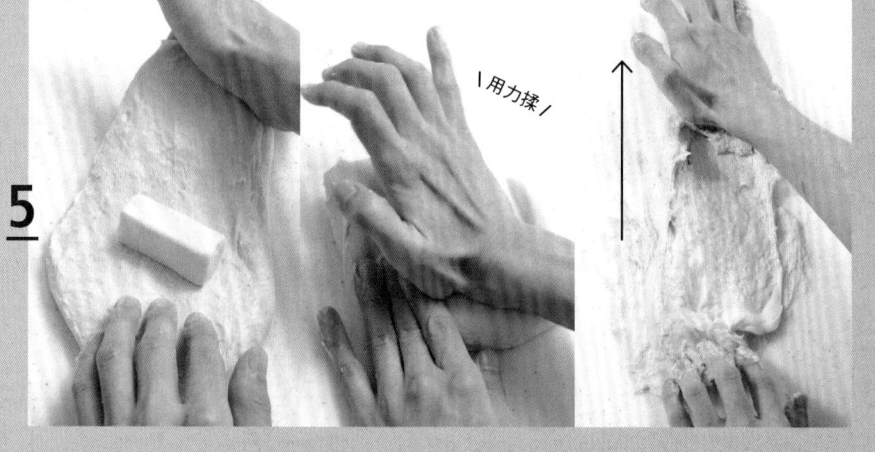

用力揉

5

延展麵團後擺上奶油，再次對摺，將奶油包在裡面。以手掌根部用力按壓讓奶油吸進麵團裡，然後如同步驟 **3** 揉麵團。起初麵團容易斷裂，但揉個2～3分鐘後會開始變順暢。

K.K.Baker

完美麵團的訣竅
～充分揉和麵團～

1 表面平整且光滑

2 一壓就反彈

3 麵團可以拉成薄膜狀態

8

麵團滾圓後放入最初使用的鋼盆裡，蓋上保鮮膜（進行基本發酵）。

基本發酵

🌡發酵溫度
35℃

🕐發酵時間
烤箱
50-60min

影片教學
一般吐司 2
＊基本發酵後～出爐

\蓋上保鮮膜/ \以膨脹至原先的 2倍大為依據！/

發酵前　　　發酵後

9

蓋上保鮮膜，進行基本發酵。使用烤箱的發酵功能，設定為 35℃、50～60分鐘。發酵膨脹至原先的2倍大就完成了。

─ POINT ─

判斷依據是麵團 大小，不是時間

麵粉、水的溫度、揉和程度等都可能造成麵團發酵速度變慢，因此判斷是否發酵完成的依據不是時間，而是麵團是否膨脹至原先的2倍大。若膨脹程度不足，視情況逐次增加5分鐘的發酵時間。

排氣

▼

\擠壓大氣泡！/

11

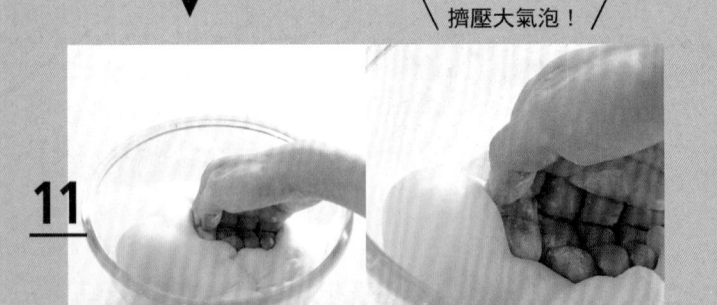

由上往下輕輕擠壓，排除麵團中的氣體。每個角落都要確實擠壓。

K.K.Baker

為什麼需要排氣

麵團中的氣體指的是酵母發酵時產生的二氧化碳。酵母是生物，無法在充滿二氧化碳的環境中呼吸，必須透過排氣並導入氧氣，才能再次活躍酵母的運作。

滾圓

▼

\滾圓後表面光滑！/

14

將麵團外側向下摺疊，邊旋轉邊整理成圓形。以小指側面壓住麵團，讓麵團在手中滑動。最後捏緊麵團底部收口處並朝下擺放。

鬆弛　🕐 15分鐘

▼

15

蓋上保鮮膜，靜置於室溫下休息15分鐘。

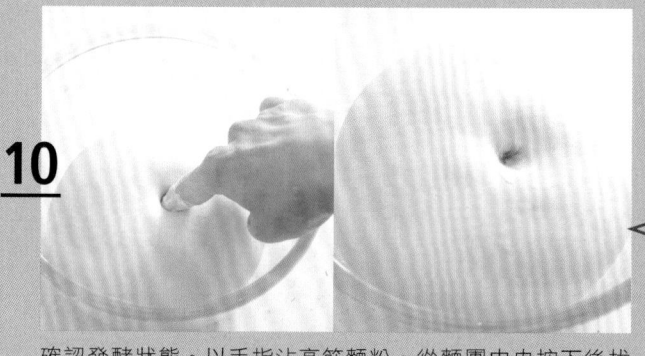

\ OK！/

10 確認發酵狀態。以手指沾高筋麵粉，從麵團中央按下後拔出，洞孔沒有消失就代表發酵完成。

POINT

這種狀態是不行的

洞孔自動閉合，代表發酵不足。反之，若如照片右側所示，麵團塌陷則代表發酵過度（過度發酵），烤焙時容易產生酒精臭味。一旦過度發酵，再也無法恢復原狀，請務必多加留意。

分割

\ 盡量精準！/

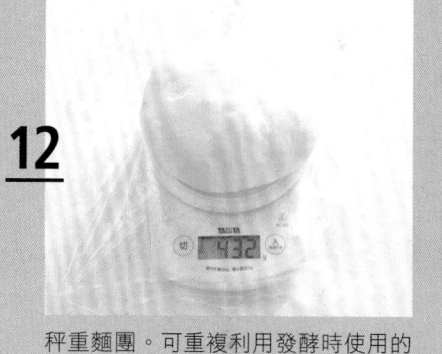

12 秤重麵團。可重複利用發酵時使用的保鮮膜。

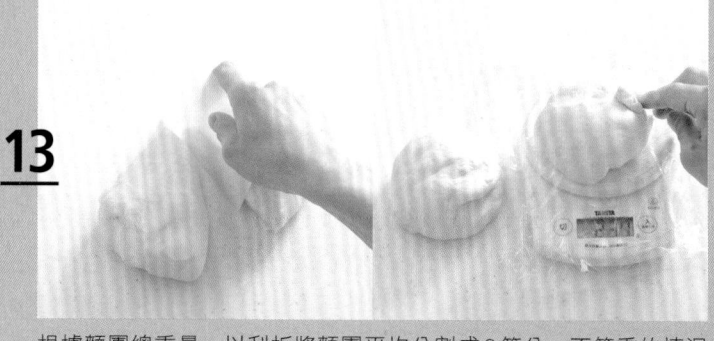

13 根據麵團總重量，以刮板將麵團平均分割成2等分。不等重的情況下，自多的那一份取足量補足。

16 在麵團發酵期間，取奶油塗刷在烤模內側的每個角落。利用保鮮膜當刷具，就不會弄髒手。

K.K.Baker

為什麼要讓麵團充分休息

接下來進入整形階段，揉和過程難免使麵筋因重新整理而產生較強彈性，導致麵團無法立即擁有良好的延展性而影響造型作業。必須讓麵團適度休息，再次變蓬鬆後才能塑造各式各樣的形狀。這段為了整形作業的休息時間，我們稱為鬆弛。

整形

17

在工作檯面撒些手粉（高筋麵粉），麵團收口部位朝上，將其延展成直徑15cm的圓形。

用刮板壓一下摺痕，方便摺疊作業。

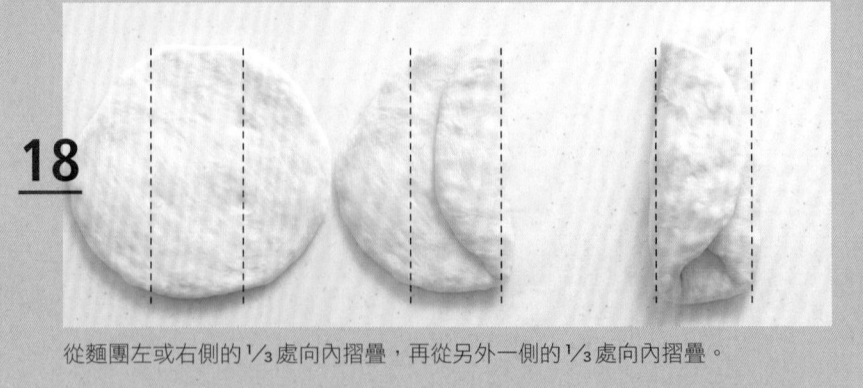

18

從麵團左或右側的⅓處向內摺疊，再從另外一側的⅓處向內摺疊。

最後發酵

🌡發酵溫度
35℃

⏱發酵時間
烤箱
50-60min

放入烤模中，蓋上保鮮膜！

發酵前　　　　　發酵後

21

蓋上保鮮膜，進行最後發酵。使用烤箱的發酵功能，設定為35℃、50～60分鐘。發酵至烤模深度8～9分滿就完成了（發酵完成後，持續蓋著保鮮膜待機）。

POINT

以烤模深度的8～9分滿為依據

整形時的力道或烤箱問題都可能影響發酵速度，因此不根據時間長短，而以是否膨脹至烤模深度8～9分滿為依據。若膨脹程度不足，視情況逐次追加5分鐘的發酵時間。

溫度

🌡溫度
190℃

⏱時間
20-23min

23

放入烤箱，以190℃下火烤焙20～23分鐘。

24

出爐後立即輕敲烤模數次，給予衝擊並快速脫模。由於水蒸氣會殘留於麵包裡，絕對不能一直擺在烤模裡面不取出！

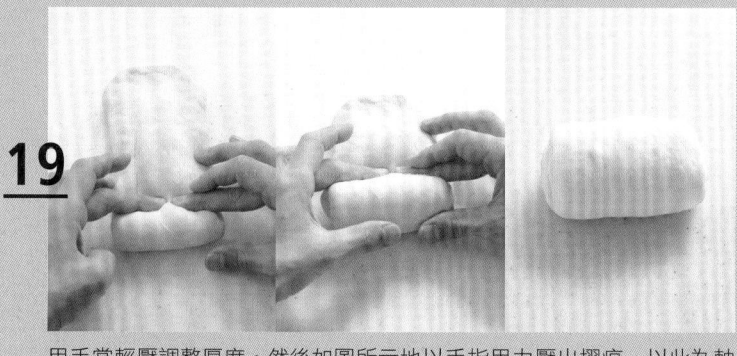

收口部位
朝下

19 用手掌輕壓調整厚度，然後如圖所示地以手指用力壓出摺痕，以此為軸心慢慢將麵團捲起來。捲動時務必用手指邊壓邊捲動至最末端。

收口部位

20 將捲到最後的收口朝下並放進烤模一側。另一個麵團也一樣，放進另一側。麵團於最後發酵時會再次膨脹，所以2個麵團之間務必預留空間。

烤箱預熱 🌡190℃

▼

22 發酵完成後預熱烤箱。使用烤模烤焙麵包時，烤盤也要一起加熱。

麵包保存方法

K.K.Baker

1～2天內能吃完
→ 置於室溫下的密封容器中保存

無法在短時間內吃完
→ 分成數小塊，
　 裝入冷凍保鮮袋中並置於
　 冷凍庫裡保存

出爐！

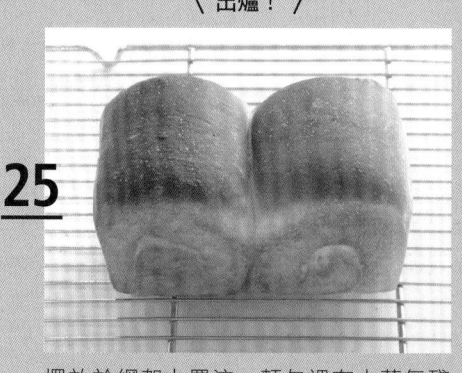

25 擺放於網架上置涼。麵包裡有水蒸氣殘留，務必置涼後再切。

切吐司的方法

K.K.Baker

吐司頂部比較硬，不容易下刀。
建議將吐司側躺，從軟硬度適中
的底部和側面下刀，就可以切得
乾淨又漂亮。

最大特色是能夠一口咬下的酥脆外皮和具有Q彈口感的內芯。這裡做成迷你尺寸，不僅容易製作也方便食用。硬式麵包的麵團水分含量多，較為濕黏，難以在工作檯上進行揉和作業。建議使用鋼盆，麵團的延展、摺疊和鬆弛作業全在鋼盆中完成。這種方法非常簡單，不需要太大的力道即可完成，初學者務必挑戰看看。

HOW TO BAKE PETIT FRANCE

目標口感
乾乾脆脆

學習重點
處理水分含量多的麵團

材料

	6個分量	烘焙比例
高筋麵粉	200g	100
乾酵母	2g	1
水	160g	80
鹽	4g	2
麵團重量	366g	183

其他　高筋麵粉、上新粉（米粉）…各適量

Memo

上新粉（米粉）

米粉不含麩質，只要在整形過程中撒些手粉，既能使麵團不會過於濕黏，於表面劃切痕（裂紋）時也更加容易。相較於使用高筋麵粉，烤焙過的表面更為酥脆，而且還會殘留些許粉狀感。

準備

▶ 使用電子磅秤量秤材料。

> 最小測量單位為1g，精準秤重。

▶ 將水加熱至40℃左右。若以微波爐加熱，大約30～40秒。

> 酵母最活躍的溫度為32～35℃。麵團溫度過低不易發酵，可以添加溫水以提升麵團溫度。

影片教學

法式小餐包 1

＊秤重～基本發酵前

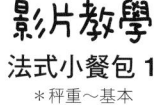

製作麵團 | 在鋼盆中成團

▼

1 大鋼盆裡倒入**溫水**和**鹽**，充分溶解攪拌均勻。

2 取另外一只鋼盆混合**高筋麵粉**和**酵母**。混合均勻後取一半分量加入**1**裡面。以橡膠刮刀充分拌勻粉類和水。

POINT

分2次加入粉類

高筋麵粉的吸水率高，一次全部倒進去容易造成水分吸收不均勻而產生結塊現象。建議將粉類分2次添加並透過攪拌讓水分平均滲透。

延展&摺疊

▼

這些步驟
\ 重複20次！/

休息
\ 20分鐘 /

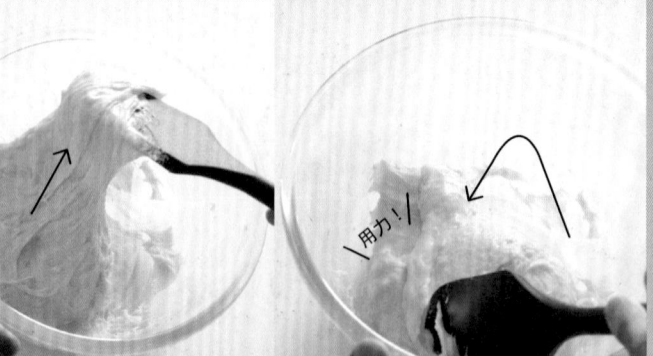

用力！

5 以橡膠刮刀舀起麵團進行延展，再向前摺疊並用力按壓。這些步驟共重複20次。

6 蓋上保鮮膜，置於室溫下休息20分鐘。

K.K.Baker

延展和摺疊以形成麵筋

既然難以揉和，就改以其他方式製作麵團。透過反覆延展與摺疊對麵團施加壓力，幫助形成麵筋。第一次和第二次添加麵粉之間的靜置20分鐘也是製作麵團的必要步驟。

3

4

拌合成團後蓋上保鮮膜，置於室溫下休息20分鐘。20分鐘後，麵粉吸收的水分遍布整個麵團，表面看起來略顯濕潤。

加入剩餘麵粉，再次混合均勻。感覺有阻力不易攪拌時，改用握拳抓握橡膠刮刀的方式，將麵團壓向鋼盆內側，翻攪至沒有乾粉。

無須在工作檯上揉麵團

法國長棍麵包麵團的含水量高，難以在工作檯上揉和。而實際上，除了透過揉麵團，靜置休息也能有效增加麵筋強度。製作口感偏硬且輕盈的麵包，訣竅在於不要形成過多麵筋。因此這道食譜免揉麵團，只需要善用靜置休息時間。

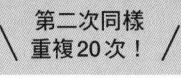

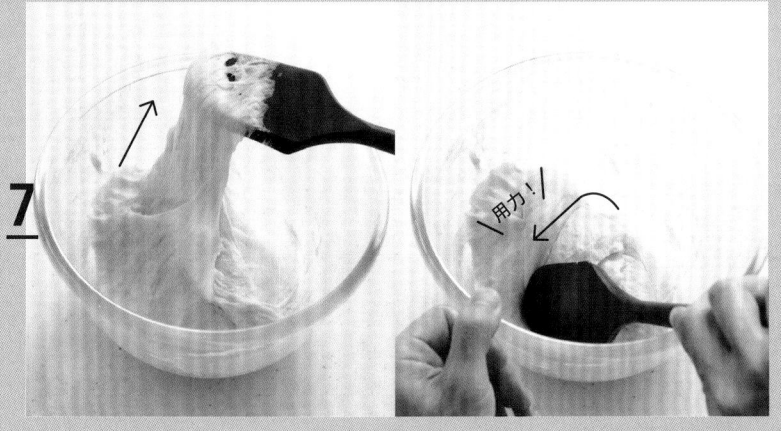

7

第二次延展＆摺疊作業。同樣重複20次。相較於第一次，麵團延展性增加。

完美麵團的訣竅
〜免揉麵團〜

1 麵團帶有彈性和光澤

2 表面滑溜且富有光澤

3 充滿立體感不塌陷

基本發酵

🌡️ **發酵溫度**
35℃

⏱️ **發酵時間**
烤箱
50-60min

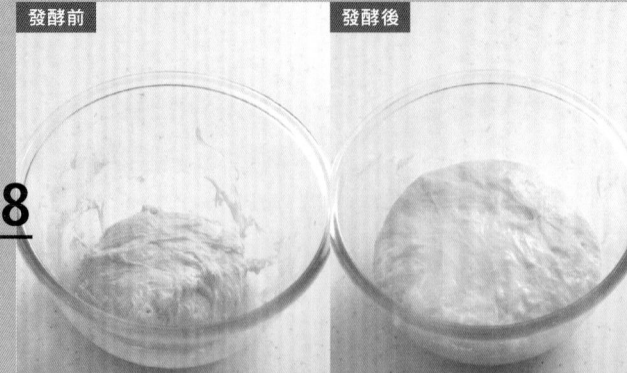

\ 蓋上保鮮膜！ /　　　　　不進行手指測試
　　　　　　　　　　　　和排氣作業

發酵前　　　　　　　發酵後

8

影片教學
法式小餐包 2
＊基本發酵後～
出爐

蓋上保鮮膜，進行基本發酵。使用烤箱的發酵功能，設定為35℃、50～60分鐘。發酵膨脹至原先的2倍大就完成了。

K.K.Baker

為什麼不進行手指測試和排氣作業

含水量高的麵團較為柔軟，即便用手指插進麵團裡也難以形成洞孔，無法從洞孔狀態判斷發酵情況，必須透過膨脹程度進行判斷。另外，不額外進行排氣，而是直接將內有氣泡的麵團放進烤箱中烤焙。

— POINT —

判斷依據為麵團大小

麵粉、水的溫度、揉和程度等都可能造成麵團發酵速度變慢，因此判斷是否發酵完成的依據不是時間，而是麵團是否膨脹至原先的2倍大。若膨脹程度不足，視情況逐次增加5分鐘的發酵時間。

整形

\ 用力壓緊 /

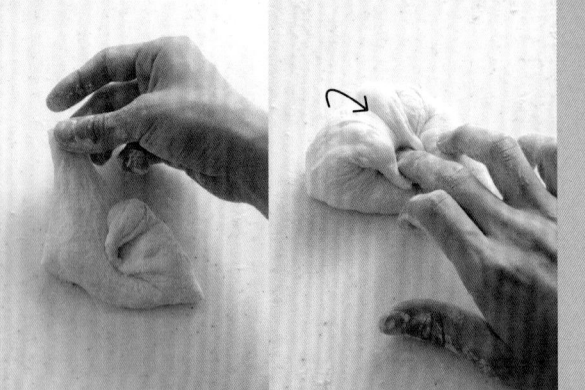

11

依序將麵團四個邊角朝中間摺疊。提起邊角，然後往中間用力按壓。接著提起另外一個邊角，同樣往中間摺疊集中。其餘邊角都是同樣步驟。

— POINT —

將邊角往中間摺疊集中

務必注意將邊角往中間摺疊。可以先稍微將邊角向外拉開，但務必朝中間用力壓緊！若只是輕壓，烤焙時容易散開變形。

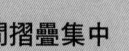

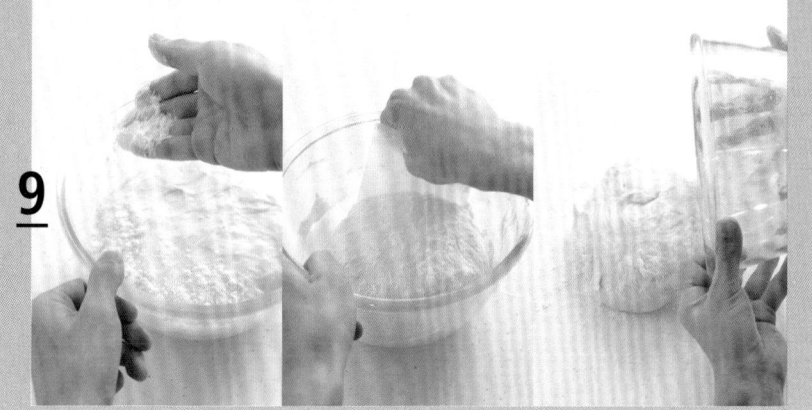

9

在鋼盆與麵團之間撒手粉（高筋麵粉），工作檯面上也撒一些。以刮板沿著鋼盆繞一圈，將麵團移至工作檯。

POINT

作業時邊撒手粉

麵團含水量多，容易黏手，作業時必須在麵團和檯面上撒些手粉（高筋麵粉）。為了避免麵團中的氣體跑掉，動作盡量輕柔一些。

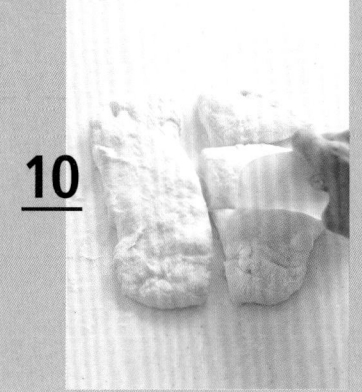

10

為了防止麵團裡的氣體跑掉，用雙手輕輕提起麵團並整理成方形。接著透過目測，使用刮板將麵團分割成6等分。

再重複1次
相同作業！

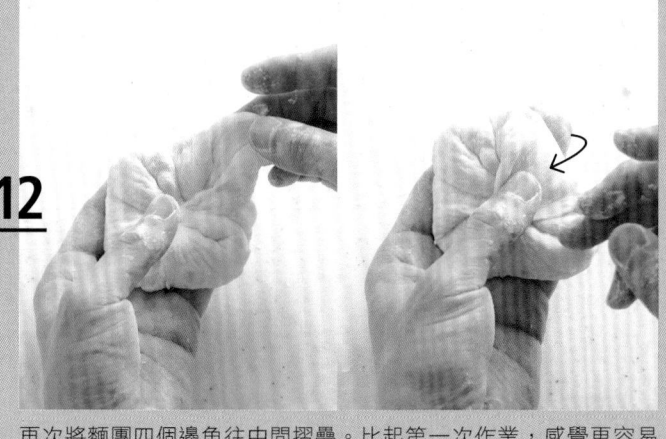

12

再次將麵團四個邊角往中間摺疊。比起第一次作業，感覺更容易打造出立體感，可改將麵團置於手中，提起邊角往中間摺疊集中。

13

捏緊中心部位收口。

K.K.Baker

麵團邊角摺疊至中間的理由

麵團交疊部位的膨脹程度最大。將邊角往中間摺疊並整理成圓形，目的就是為了增加膨脹力量。烤焙時確實膨脹才能打造鬆軟口感與法式小餐包的典型氣泡。

最後發酵

🌡 發酵溫度
35℃

⏱ 發酵時間
烤箱
30-40min

無須蓋上
保鮮膜！

14

以收口部位朝下的方式擺在
鋪有烤焙紙的烤盤上，記得
預留間距。用濾茶器在麵團
表面撒上新粉。

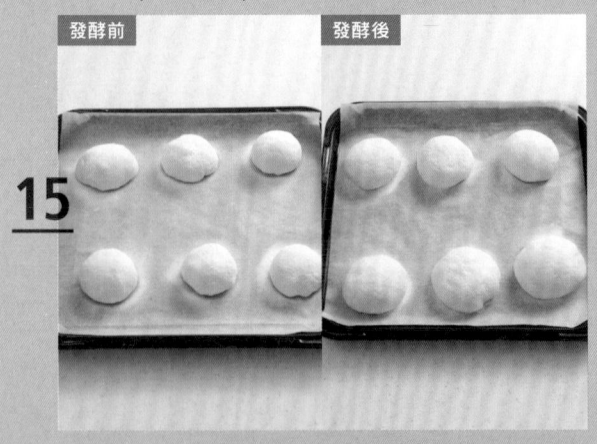
發酵前　　　　發酵後

15

在沒有蓋上保鮮膜的狀態下進行最後發酵。使用烤箱的
發酵功能，設定為35℃、30～40分鐘。發酵膨脹至大
一圈就完成了。發酵結束後，開始預熱烤箱。

POINT

以大一圈為依據
整形的力道或烤箱狀況都可能造成發酵速度變慢。因此判斷
是否發酵完成的依據不是時間，而是麵團是否膨脹至大一圈。

烤焙

🌡 溫度
240℃

⏱ 時間
20-24min

17

以噴霧瓶按壓2～3次，幫麵團加水保濕。

18

放入烤箱，以240℃下火烤焙20～24分
鐘。

噴霧有什麼作用

這是主要用於硬式麵包的技巧。保持麵團表面
濕潤，不僅烤焙時容易延展，體積也會變得更
大。另一方面，透過噴霧使麵團的澱粉因熱產
生糊化作用，烤焙後表面會更加酥脆。也可以
善加利用烤箱的蒸氣功能。

K.K.Baker

16

烤箱預熱結束後，在麵團表面劃切痕。先以廚房料理剪刀的刀刃在麵團上壓痕，方便快速切痕。

切痕（裂紋）的意義為何

「裂紋（coupe）」是指在麵團表面劃切痕的意思。為了方便作業，這裡使用廚房料理剪刀劃切痕。事先操作這個步驟，麵包才能在烤焙過程中順利從切痕部位開始膨脹，麵包也才容易烤透。這道裂紋也能使麵包的樣貌更加豐富，兼具裝飾效果。

19

出爐後擺放在網架上置涼。

簡約麵包、豐富麵包的特色

麵包業界常使用「簡約」和「豐富」來區分麵包屬性。簡約類麵包是指單用麵粉、酵母、鹽、水等基本材料製作的麵包（部分麵包也會添加少量糖類或油脂）；而豐富類麵包，則是除了基本材料，還另外添加糖類、油脂、乳製品、雞蛋等多種副材料所製作的麵包。簡約麵包可以充分品嘗小麥原本的風味，而豐富麵包因為多添加奶油和乳製品等，可以品嘗到更濃郁且多樣化的風味。

簡約		豐富	

法式小餐包	法國長棍麵包	牛奶哈斯麵包	肉桂捲

LESSON
白麵包

麵團種類　白麵包麵團　難易度　★

白麵包口感微甜且Q彈，即使擺放一段時間也不會變乾柴，依然鬆軟可口，是一款適合居家動手烘焙的麵包。而想要烤得濕潤鬆軟，訣竅在於低溫和略短的烤焙時間。試著實際體驗溫度與時間如何影響麵包口感。如同少女海蒂的白麵包，只需要一隻筷子便能輕鬆塑造可愛形狀。每顆麵包都有著不同樣貌，令人更加期待出爐後的成品。

HOW TO BAKE WHITE BUN

目標口感
黏彈

學習重點
烤得鬆軟的方法

材料

	6個分量	烘焙比例
高筋麵粉	260g	100
水飴	26g	10
鹽	4g	1.5
乾酵母	3g	1
牛奶	182g	70
無鹽奶油	13g	5
麵團重量	488g	187.5

其他 高筋麵粉…適量

Memo

水飴

主成分是麥芽糖，具有烤焙時不易上色的特性。保水性佳，能幫助烤焙出濕潤且鬆軟的麵包。

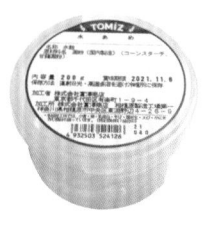

準備

▶ 使用電子磅秤量秤材料。

> 最小測量單位為1g，精準秤重。

▶ 奶油事先置於室溫下變軟。

▶ 水飴過硬時，以微波爐加熱10秒左右。

▶ 將牛奶加熱至40℃左右。以微波爐加熱的話，約30～40秒。

> 酵母最活躍的溫度為32～35℃。麵團溫度過低不易發酵，可以添加溫水以提升麵團溫度。

影片教學
白麵包 1
＊秤重～基本發酵前

製作麵團 　**在鋼盆中成團**

▼

1

鋼盆裡倒入**高筋麵粉**、**水飴**、**鹽**、**酵母**，然後加入**溫牛奶**。

\ 以擠壓水 /
\ 的感覺 /

2

以橡膠刮刀充分攪拌粉類和水，拌合成團。

K.K.Baker

水飴和牛奶的功用

水飴內含20％的水分，能製作濕潤的麵團，但較具黏性，不容易揉成團，加入適量具有緊實麵筋效果的牛奶，讓揉和作業更順手。另一方面，嚴禁以等量的砂糖取代水飴，因為含水量不同，容易影響麵團狀態。

放入奶油後繼續揉和

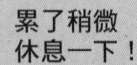

5

比起剛開始的揉和，麵團變得較有彈性。一鬆手立即恢復原狀時，加入無鹽奶油。

K.K.Baker

添加無鹽奶油的
重要時機

1 麵團具有彈性，一鬆手立即恢復原狀

2 沒有乾粉，整體均勻的狀態

放入奶油後繼續揉和，這時麵團略微不平整也沒關係！

▼

6

延展麵團，將奶油擺在中間。

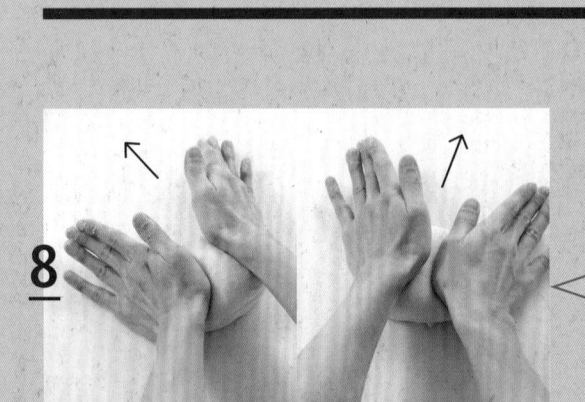

8

奶油吸收進麵團後，整理成圓形並用雙手覆蓋麵團，以左右交替向前滾動的方式揉和。藉由麵團與檯面的摩擦使表面變光滑。大約進行80～100次。

POINT

**累了稍微
休息一下！**

除了透過揉麵團，靜置休息也能有效增加麵筋強度。所以累了就稍微休息一下，但為了防止水分蒸發，建議在麵團上蓋保鮮膜。

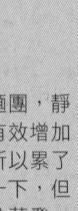

9

滾圓麵團。以小指側面托著麵團外側下方，在工作檯上朝同一個方向滾動數次。

▼

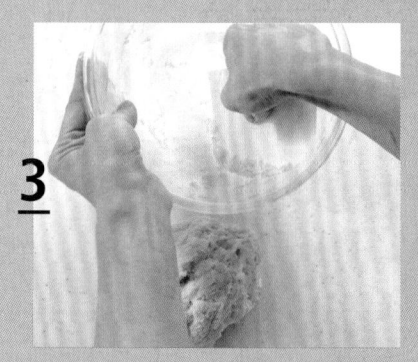

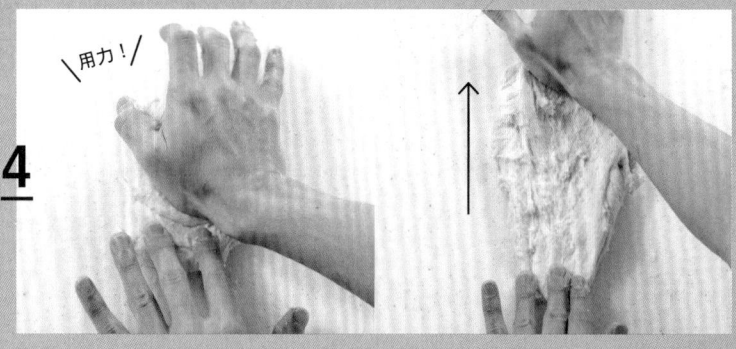

3 以刮板將麵團移至工作檯。同時也用刮板將沾黏於鋼盆內側和橡膠刮刀上的麵糊全集中至麵團上。

4 對摺麵團並以手掌根部用力下壓且推向遠方。重複數次。起初會有些黏手，但隨著揉和動作的進行，自然逐漸聚合成團。揉至麵團有反彈力。

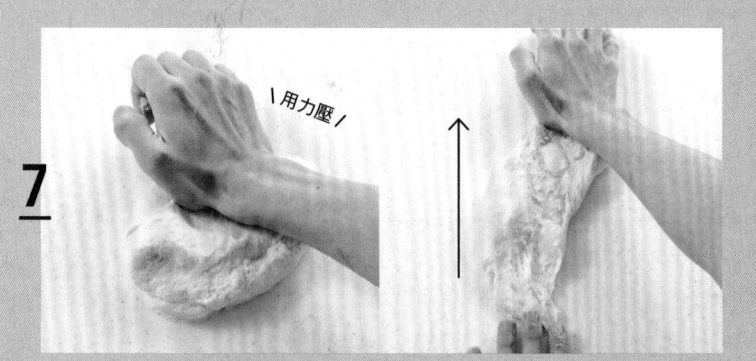

7 延展麵團後擺上奶油，對摺將奶油包在裡面。以手掌根部用力按壓讓奶油吸進麵團裡，然後如同步驟 **4** 揉麵團。起初麵團容易斷裂，但揉個 2～3 分鐘後就會開始變順暢。

K.K.Baker
奶油的功用

添加奶油的麵包散發誘人的香氣和豐潤的風味。將麵粉和奶油揉和在一起，不僅麵團容易延展，烤焙時也容易膨脹變大。然而油脂會抑制麵筋的形成，最好於麵團揉和至 7～8 成後再添加。

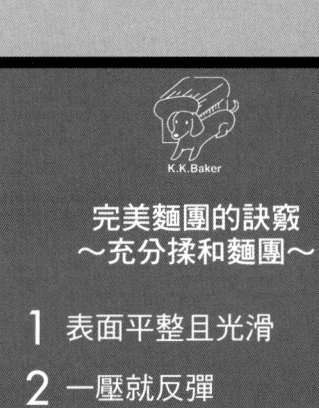

10 慢慢拉開麵團呈薄膜狀態，可以隱約看見對側手指就 OK 了。無法均勻拉開，或者薄膜一下子就破掉，代表需要繼續揉和。

K.K.Baker
完美麵團的訣竅
～充分揉和麵團～

1 表面平整且光滑

2 一壓就反彈

3 麵團可以拉成薄膜狀態

基本發酵

🌡發酵溫度
35℃

🕐發酵時間
烤箱
50-60min

影片教學
白麵包 2
＊基本發酵後～
出爐

＼蓋上保鮮膜／

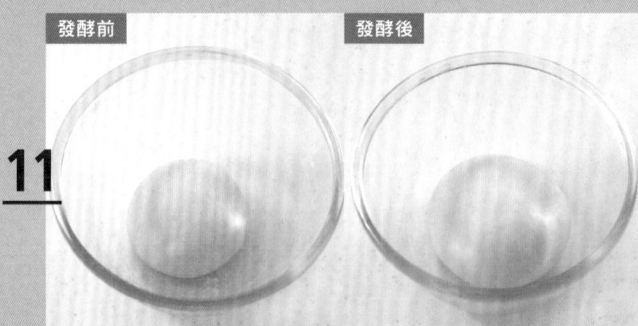

發酵前　　發酵後

11

蓋上保鮮膜，進行基本發酵。使用烤箱的發酵功能，設定為35℃、50～60分鐘。發酵膨脹至原先的2倍大就完成了。

> **POINT**
>
> **判斷依據是麵團大小，不是時間**
>
> 麵粉、水的溫度、揉和程度等都可能造成麵團發酵速度變慢，因此判斷是否發酵完成的依據不是時間，而是麵團是否膨脹至原先的2倍大。若膨脹程度不足，視情況逐次增加5分鐘的發酵時間。

分割

▼

14

秤重麵團。重複利用發酵時使用的保鮮膜。

15

用刮板分割成6等分。

> **POINT**
>
> **對半分割後，每等分再分割成3等分**
>
> 用刮板將麵團切成一半，每等分再以放射狀方式分割成3等分。分割前先以刮板輕壓，劃出切割線。

滾圓

▼

17

將麵團外側向下摺疊，邊旋轉邊整理成圓形。以小指側面壓住麵團，讓麵團在手中滑動。最後捏緊麵團底部收口處並朝下擺放。

> **POINT**
>
> **滾圓順序**
>
> 麵團滾圓作業完成後才進行鬆弛和整形（讓滾圓的麵團充分休息），為了方便釐清滾圓順序，將滾圓後的麵團置於檯面上備用。

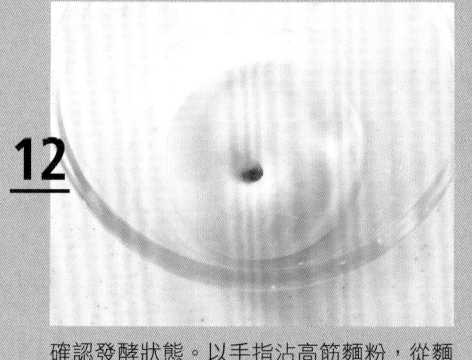

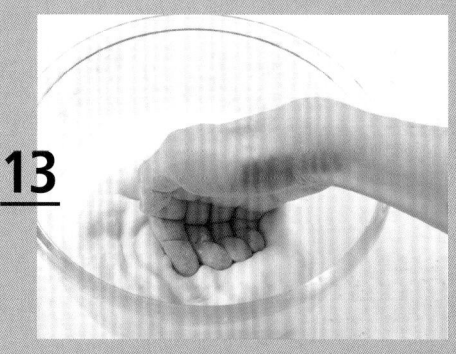

12 確認發酵狀態。以手指沾高筋麵粉,從麵團中央按下後拔出,洞孔沒有消失代表發酵完成。

13 由上往下輕壓,排除麵團裡的氣體。整體輕壓,擠破氣泡也沒關係!

盡量精準秤重!

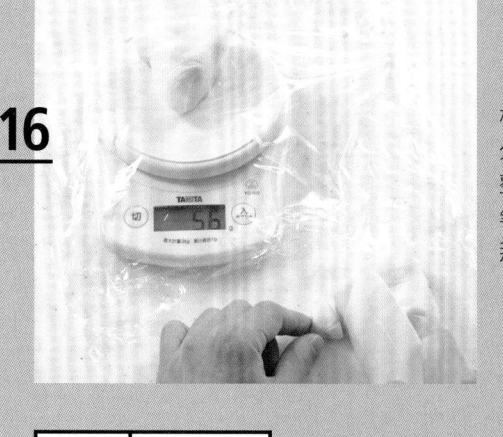

16 根據麵團總重量,平均分割成6等分,盡量調整至每一份同重量。不等重的情況下,自多的那一份取足量補足。

K.K.Baker

精準分割的理由

分割大小若不一致,烤焙後的成品也會參差不齊。置於同一個烤盤,經同樣時間的烤焙,尺寸較小的麵包容易因為水分蒸發而顯得乾硬。基於這個緣故,分割時務必力求精準!

鬆弛 ⏱ 10分鐘 ▼

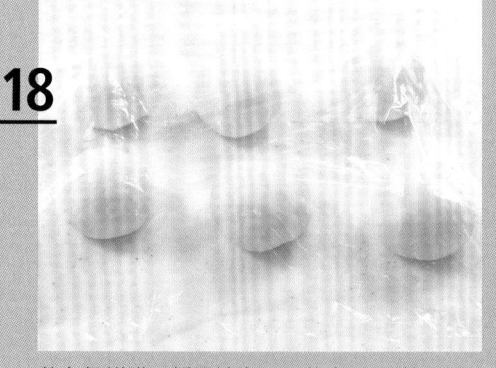

K.K.Baker

鬆弛時間長短 因麵包種類而異

為了方便整形,讓麵團充分休息的這段時間稱為「鬆弛」。整形過程愈複雜,麵團愈需要足夠的蓬鬆度,鬆弛時間也相對較長;而整形過程十分簡單的話,則必須縮短鬆弛時間。本書收錄的法式小餐包和法式鄉村麵包沒有分割後的滾圓作業,因此不需要鬆弛時間。

18 蓋上保鮮膜,靜置於室溫下休息10分鐘。

整形

19

讓所有麵團沾裹大量高筋麵粉，再以收口部位朝下的方式排列於工作檯上。

K.K.Baker

為什麼要沾裹大量高筋麵粉

白麵包強調鬆軟口感，所以不使用烤焙後會變得酥脆的米粉，而是沾裹高筋麵粉。另外也因為高筋麵粉經烤焙後不容易上色，出爐時整體依然呈白色。還有一點要特別留意，麵團若沾裹得不夠，烤焙後的顏色容易斑駁不均，務必撒大量麵粉使整體均勻沾裹。

最後發酵

烤箱預熱 🌡150℃

\蓋上保鮮膜！/

🌡**發酵溫度**
35℃

🕐**發酵時間**
烤箱
30-40min

21

發酵前　　　　　　　發酵後

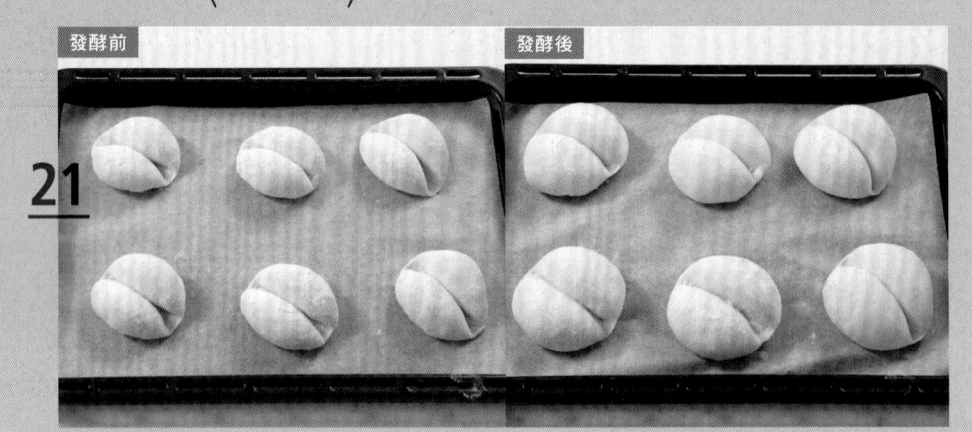

蓋上保鮮膜進行最後發酵。使用烤箱的發酵功能，設定為35℃、30～40分鐘。發酵膨脹至大一圈就完成了。發酵結束後，開始預熱烤箱（等待時，麵團持續蓋著保鮮膜）。

—— POINT ——

以大一圈為依據

整形的力道或烤箱狀況都可能造成發酵速度變慢。因此判斷是否發酵完成的依據不是時間，而是麵團是否膨脹至大一圈。

K.K.Baker

溫度和烤焙時間影響麵包最終結果

低溫和略短的烤焙時間可以讓較多水分殘留在麵團裡，烘烤後的口感如同白麵包般柔軟且具有嚼勁。相反地，高溫和長時間烤焙則容易因為水分蒸發而使口感變輕盈酥脆，法國長棍麵包就是最典型的代表。只要懂得調整溫度和烤焙時間，就能做出口感豐富的麵包。

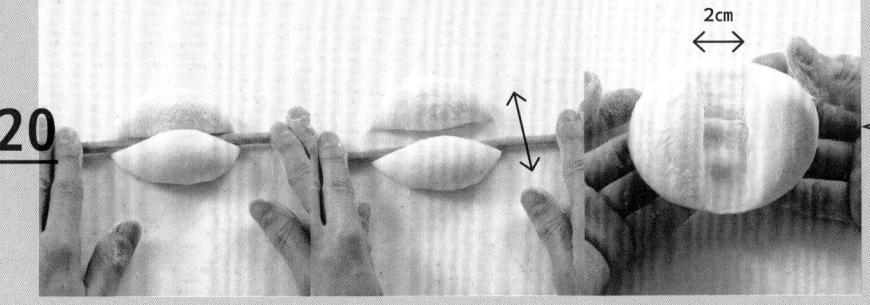

滾動至溝槽寬度達2㎝左右

2㎝

20

在麵團中間擺支筷子，用力向下壓到底部，然後上下滾動，打造寬度約2㎝的溝槽，整齊排列於鋪有烤焙紙的烤盤上。

> ╭─ POINT ─╮
>
> **打造一條粗溝槽**
>
> 經最後發酵而膨脹的麵團，若中間溝槽太狹窄，烤焙出爐時無法形成明顯的中間線，容易變成一顆單調的圓形麵包。務必用力下壓筷子並用力滾動以形成一條粗溝槽。

烤焙

🌡️溫度
150℃

⏱️時間
12-15min

22

放入烤箱，以150℃下火烤焙12～15分鐘。出爐後擺放在網架上置涼。

白麵包變化版 用托盤烤焙**手撕麵包**

使用和白麵包相同的麵團，但只要改變分割數量，也可以烤焙出具有Q彈口感的手撕麵包。

1 步驟**1～13**同白麵包，然後將麵團分割成12等分並滾圓。

2 將麵團排列於鋪有烤焙紙的耐高溫托盤（＊）上，記得間隔一定的距離（照片下‧左），同步驟**21**進行最後發酵。

3 以濾茶器撒些高筋麵粉（照片右），同步驟**22**放入烤箱烤焙。完成後自托盤取出麵包並擺放在網架上置涼。

＊托盤尺寸＝約21 × 16.5 × 3㎝／容量570㎖

 ▶

牛奶哈斯麵包

麵團種類 維也納麵包（甜麵包）麵團　**難易度** ★

充滿牛奶香氣且口感鬆軟的麵包。麵團裡添加蛋、牛奶和奶油，打造溫潤柔軟好滋味。揉麵團時的適度彈性與柔軟有種非常療癒的感覺。透過在麵團表面劃切痕，為整體外觀增添華麗圖紋與立體感。雖然看似簡約，味道卻十分有層次，適合單吃，也適合夾餡料或搭配其他餐點一起享用，享用方式多樣化。

HOW TO BAKE MILK HEARTH

材料

	5個分量	烘焙比例
高筋麵粉	300g	100
砂糖	24g	8
鹽	6g	2
乾酵母	4g	1.2
牛奶	180g	60
雞蛋	45g	15
無鹽奶油	24g	8
麵團重量	583g	194.2

其他 高筋麵粉…適量

Memo

牛乳

使麵團帶有些許甜味且充滿牛奶的香氣與風味。牛奶含有乳脂肪和蛋白質，有助於緊實麵筋和增加烘烤顏色。

雞蛋

蛋黃內含卵磷脂，是最佳天然乳化劑，也是使麵包濕潤且柔軟的關鍵。

準備

▶ 使用電子磅秤量秤材料。

▶ 奶油事先置於室溫下變軟。

▶ 將牛奶加熱至40℃左右。以微波爐加熱的話，約30～40秒。

將蛋打散至滑順，精準秤重。

酵母最活躍的溫度為32～35℃。麵團溫度過低不易發酵，可以添加溫牛奶以提升麵團溫度。

影片教學
牛奶哈斯麵包 1
＊秤重～基本發酵前

製作麵團　在鋼盆中成團

▼

以擠壓水的感覺

1 鋼盆裡倒入**高筋麵粉**、**砂糖**、**鹽**和**酵母**，然後添加**溫牛奶**和**打散的雞蛋**。

2 以橡膠刮刀充分攪拌粉類和水，拌合成團，然後以刮板將麵團移至工作檯。

維也納麵團是什麼？

維也納麵團是甜麵包麵團的統稱，除了麵粉，另外搭配蛋、砂糖、牛奶、奶油等多種副材料。其中也包含丹麥酥餅麵團和布里歐餐包麵團。微甜且充滿牛奶與奶油香氣，因簡約的特性，適合搭配餐點一起食用。

添加奶油後揉和

▼

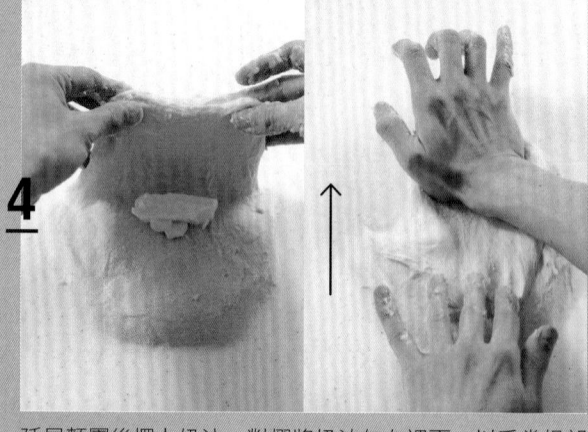

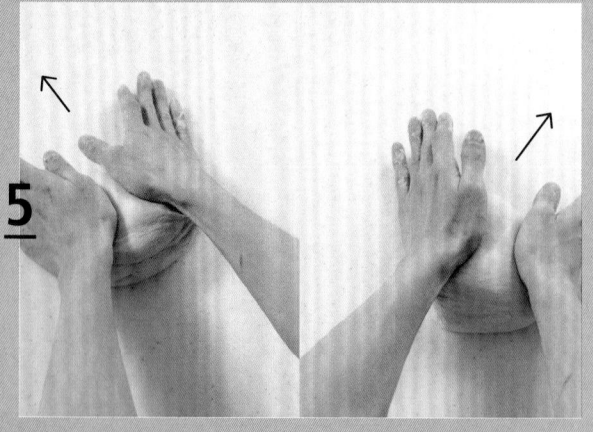

累了稍微休息一下！

4 延展麵團後擺上奶油，對摺將奶油包在裡面。以手掌根部用力按壓讓奶油吸進麵團裡，然後如同步驟 **3** 揉麵團。起初麵團容易斷裂，但揉個 2～3 分鐘後會開始變順暢。

5 奶油吸收進麵團後，整理成圓形並用雙手覆蓋麵團，以左右交替向前滾動的方式揉和。藉由麵團與檯面的摩擦使表面變光滑。大約進行 80～100 次。

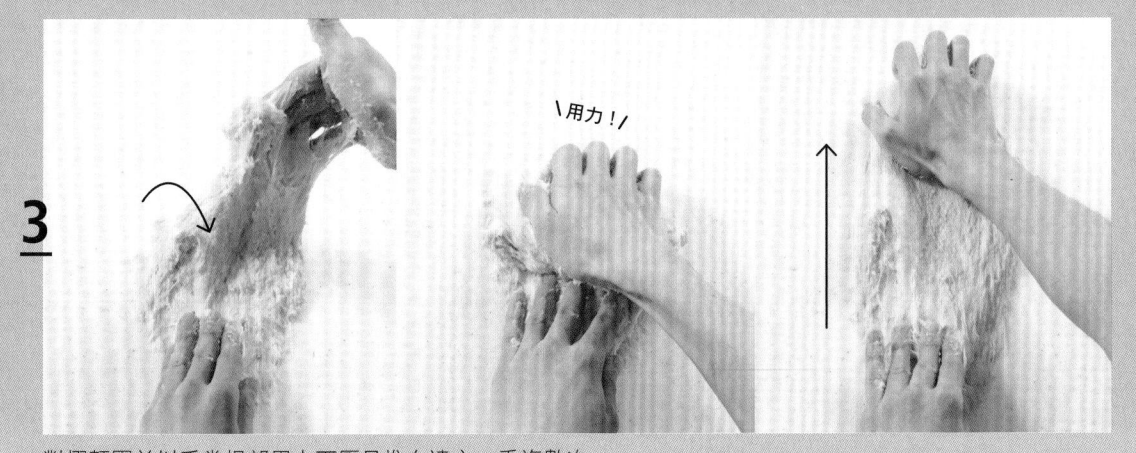

\用力！/

3

對摺麵團並以手掌根部用力下壓且推向遠方。重複數次。起初會有些黏手，但隨著揉和動作的進行，自然逐漸聚合成團。揉至麵團有反彈力。

POINT

揉至麵團有彈性且不容易延展

揉和動作使麵團產生麵筋，變得愈來愈有彈性。可以明顯感覺到拉開後鬆手，麵團會立即恢復原狀。試著與剛開始揉麵團的狀態互相比較一下。

添加雞蛋的麵團特色

添加雞蛋的麵團充滿香氣與多樣化風味，同時也讓麵包更具酥脆口感（請試著想像一下泡芙麵團）。相較於只使用基本材料的麵團，由於較為濕黏，更需要耐心用力揉和，請善用刮板聚攏麵糊，揉至麵糊成團。

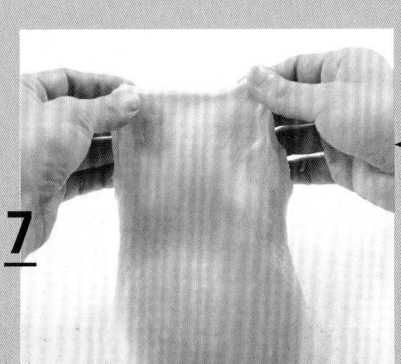

6

用雙手從下方托著麵團外側，並於檯面上邊旋轉邊整理成圓形。

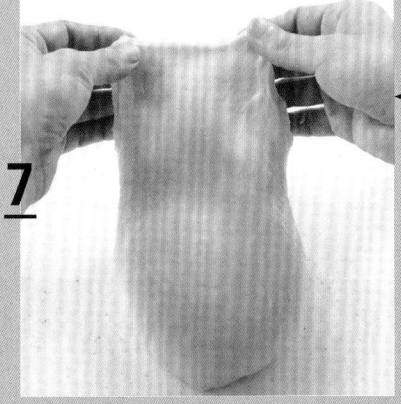

7

POINT

檢查是否形成麵筋

能夠拉開呈薄膜狀態，代表確實形成麵筋。只要能夠均勻拉成薄膜，揉麵團作業便告一段落。

慢慢拉開麵團呈薄膜狀態，可以隱約看見對側手指就OK了。無法均勻拉開，或者薄膜一下子就破掉，代表需要繼續揉和。

完美麵團的訣竅
～充分揉和麵團～

1 表面平整且光滑

2 一壓就反彈

3 麵團可以拉成薄膜狀態

基本發酵

🌡️ **發酵溫度**
35℃

⏱️ **發酵時間**
烤箱
50-60min

影片教學
牛奶哈斯麵包 2
＊基本發酵後～
出爐

手指測試

\蓋上保鮮膜！/　　　　以膨脹至原先的
　　　　　　　　　　　2倍大為依據！/

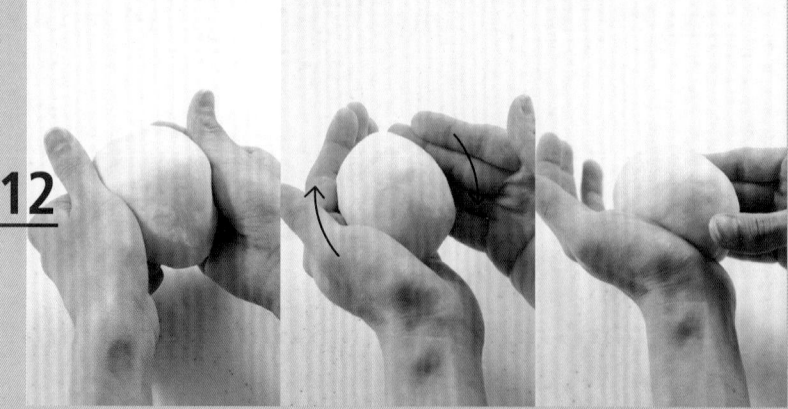

發酵前　　　　　　　　發酵後

8

9

蓋上保鮮膜，進行基本發酵。使用烤箱的發酵功能，設定為35℃、50～60分鐘。發酵膨脹至原先的2倍大就完成了。

確認發酵狀態。以手指沾高筋麵粉，從麵團中央按下後拔出，洞孔沒有消失代表發酵完成。

POINT
判斷依據是麵團大小，而不是時間

麵粉、水的溫度、揉和程度等都可能造成麵團發酵速度變慢，因此判斷是否發酵完成的依據是麵團有沒有膨脹至原先的2倍大。若膨脹程度不足，視情況逐次增加5分鐘的發酵時間。

滾圓

\滾圓後表面光滑！/

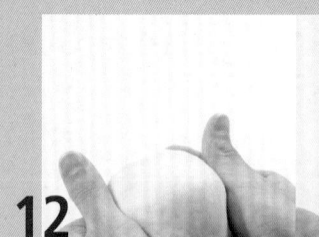

12

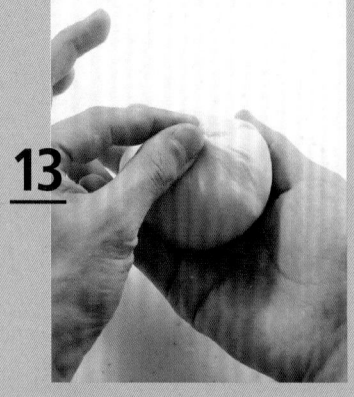

13

將麵團外側向下摺疊，邊旋轉邊整理成圓形。

捏緊麵團底部收口處並朝下擺放於工作檯上。

POINT
滾圓至表面光滑

將麵團外側向下摺疊，讓麵團在手掌中滑動以產生摩擦力，藉此讓麵團表面逐漸變光滑。

10

由上往下輕壓，排除麵團裡的氣體。整體輕壓，擠破氣泡也沒關係！

11

秤重麵團。可重複利用發酵時使用的保鮮膜。根據麵團總重量，以刮板將麵團平均分割成5等分。不等重的情況下，自多的那一份取足量補足。

POINT

劃一刀切開後再分割

要分割成奇數等分時，先於麵團中間深深劃一刀，左右切開成棒狀，這樣比較容易平均分割。

鬆弛 ⏱ 10分鐘 ▼   **整形**

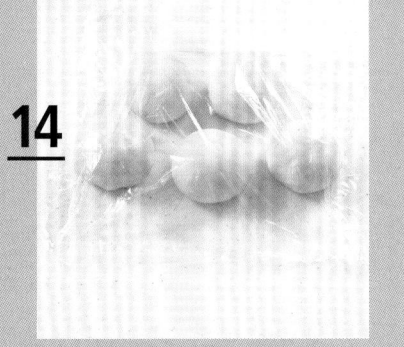

14

蓋上保鮮膜，靜置於室溫下休息10分鐘。

15

用雙手輕壓麵團，延展至直徑約12～13cm的大小。約莫刮板的寬度。

在麵團上蓋保鮮膜的理由

麵團裡的水分容易蒸發，發酵和鬆弛期間務必蓋上保鮮膜（水分含量多的麵團例外）。麵團一旦變乾，不僅膨脹情況容易變差、口感變乾柴，外觀與味道也會受到影響。除了使用保鮮膜，也可以覆蓋擰得很乾的棉布。

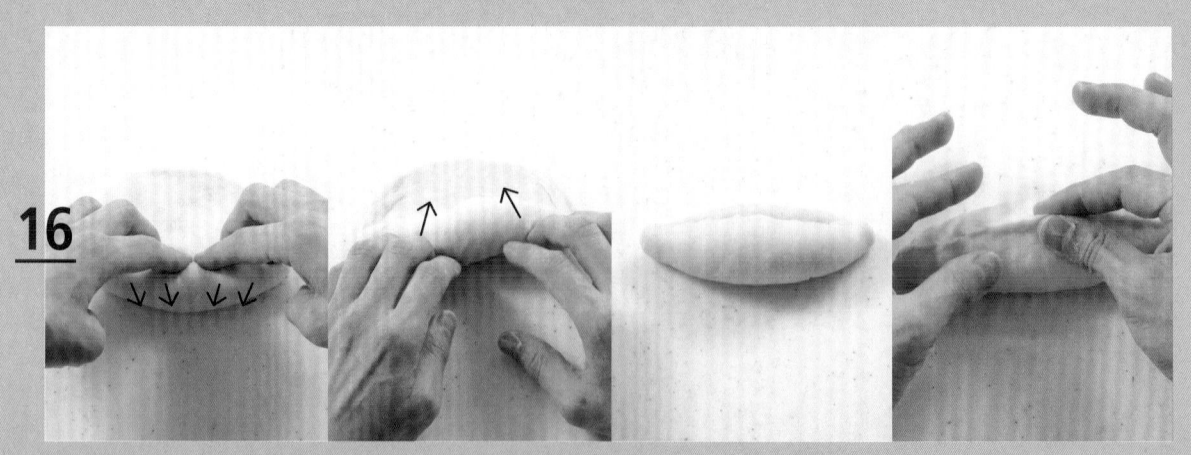

16

向前慢慢捲動，捲動時務必用手指壓緊。邊向內側壓緊邊捲動，以手指壓住麵團並捲動
至最末端。接著將末端朝上並以手指捏緊收口部位，將收口部位朝下置於工作檯上。

— POINT —

以手指用力緊壓

務必用力按壓！若沒有確實緊壓，最後發酵或烤焙時容易
因膨脹而變形。

劃切痕

▼

先在中間劃一條線，
然後左右對稱各劃二條線

19

④
⑤
①
③
②

烤箱預熱結束後，在麵團表面劃5條切痕（裂紋）。先在中間劃一條線，接著在左側劃一條，然後在二條線中間再劃
一條。右側也是同樣作法。切痕深度約6～7mm。

— POINT —

一氣呵成！

劃切痕時，訣竅在於刀刃要一氣呵成不
停頓。刀刃不斷前後移動，反而容易拉
扯麵團。家裡若沒有切痕刀，也可以使
用菜刀。

K.K.Baker

劃切痕的目的和訣竅

劃切痕的目的有3個。①讓麵包在烤焙過程中順利膨
脹，進而使體積變大；②幫助麵包容易烤透；③裝飾
外觀。但請特別留意一點，太早劃切痕恐造成麵團裡
的氣體跑掉，建議放進烤箱之前再作業。使用切痕刀
時，讓刀刃與麵團保持45度夾角，並且一氣呵成劃
到底。

最後發酵

🌡**發酵溫度**
35℃

⏱**發酵時間**
烤箱
30-40min

17

\ 蓋上保鮮膜！/

發酵前　　　發酵後

18

用濾茶器撒上高筋麵粉，並排列於鋪有烤焙紙的烤盤上。

蓋上保鮮膜，進行最後發酵。使用烤箱的發酵功能，設定為35℃、30～40分鐘。發酵膨脹至大一圈就完成了。發酵結束後，開始預熱烤箱（等待時，麵團持續蓋著保鮮膜）。

— POINT —

以大一圈為依據

整形的力道或烤箱狀況都可能造成發酵速度變慢。因此判斷是否發酵完成的依據不是時間，而是麵團是否膨脹至大一圈。

烤焙

🌡**溫度**
180℃

⏱**時間**
14-16min

20

放入烤箱，以180℃下火烤焙14～16分鐘。

21

出爐後擺放在網架上置涼。

麵包製作 Q & A

Q1 能否以全麥麵粉取代高筋麵粉，
以蜂蜜取代白砂糖？

A 不建議任意改變製作麵團所需的材料。畢竟水分含量和形成麵筋的難易度因麵粉種類而異。而白砂糖和蜂蜜的糖度、含水量也不一樣，容易因為改變麵團的甜味與黏稠度而無法依照原有食譜配方製作出預期中的麵包。

Q2 沒有足夠力道也能揉好麵團嗎？

A 雖然揉麵團需要一定力道，但不需要到強而有力的程度。另外，揉麵團時間依麵團總重量、種類和施力者力道而有所不同，必須根據麵團狀態進行判斷，而非時間長短。揉麵團時請參考各食譜的照片和影片。

Q3 不曉得應該揉到什麼程度才正確？
感覺似乎揉過頭時，
會不會造成影響？

A 手工揉麵團時，施加於麵團上的力量終究有限，幾乎不太會有揉過頭的情況發生，請大家放心。至於什麼程度才正確，通常會因麵團種類而異，但共通點是「揉至沒有乾粉，確實出現彈性的狀態」，請對照食譜中的照片進行比較與判斷。

Q4 無論怎麼揉麵團，
仍舊無法如書中圖片
所示地拉出漂亮薄膜，
該怎麼辦才好？

A 揉和作業剛結束時，因壓力點仍留在麵團裡，所以無法順利拉出薄膜。遇到這種情況時，先讓麵團休息2分鐘左右，然後再次嘗試。倘若還是無法順利拉出薄膜，請再稍微多揉一下。

Q5 烤箱沒有發酵功能，
可以將烤箱溫度設定
在35℃用於發酵嗎？
另外，烤箱於烤焙時出現水蒸氣，
需要在麵團上覆蓋保鮮膜嗎？

A 只要具有能夠將溫度設定在35℃左右的功能，就能用於發酵。至於會出現水蒸氣的機種，若能將濕度維持在80%前後，便無須覆蓋保鮮膜。如果還是覺得不放心，建議蓋上保鮮膜。

Q6 發酵過度該怎麼辦？

A 麵團一旦「過度發酵」，不僅容易出現酒精臭味，麵包甜度也會降低。酵母以氧氣和糖為養分進行發酵作用並產生氣體，發酵過度時，酵母開始消耗糖而使麵包甜度降低。另一方面，產生的酸臭味也會影響麵包風味，建議將過度發酵的麵團改製作成披薩。

※關於「過度發酵」，請參照p.19步驟10的POINT

Q7 烤焙時感覺表面快燒焦了，
該怎麼辦才好？

A 若感覺快燒焦，在麵團表面鋪一張鋁箔紙，避免麵團直接接觸熱風。

PART 2

無須賣力
「揉麵團」
也能製作麵包

接下來為大家介紹無須賣力揉麵團，初學者也能輕鬆完成的麵包。
除此之外，還有不需要整形作業，無須進行最後發酵的麵包等等。
請大家親身體驗「不需要這麼做，也能成功烤焙麵包」的樂趣。

牛奶法式鄉村麵包

麵團種類 牛奶法國長棍麵包麵團　**難易度** ★

只需要攪拌、分割、烤焙3個步驟就能完成！法式鄉村麵包是法國麵包的一種，是作法最簡單的硬式麵包之一。雖然麵團因含水量高而濕黏，但只要以牛奶取代水，麵團處理起來會更加順手。外酥內Q的口感搭配得天衣無縫，一放進嘴裡即散發淡淡乳香。內夾餡料也十分美味。

HOW TO BAKE MILK RUSTIQUE

目標口感

香脆又黏彈

輕鬆製作訣竅

・不在工作檯上揉麵團
・分割即整形

材料

	6個分量	烘焙比例
高筋麵粉	250g	100
乾酵母	3g	1.2
牛奶	220g	88
鹽	5g	2
麵團重量	478g	191.2

其他　高筋麵粉…適量

準備

▶ 使用電子磅秤量秤材料。

> 最小測量單位為1g，精準秤重。

▶ 將牛奶加熱至40℃左右。以微波爐加熱的話，約40～50秒。

> 酵母最活躍的溫度為32～35℃。麵團溫度過低不易發酵，可以添加溫牛奶以提升麵團溫度。

影片教學
法式鄉村麵包 1
＊秤重～基本發酵前

製作麵團　在鋼盆中成團

▼

1 大鋼盆裡倒入**溫牛奶**和**鹽**，充分溶解攪拌均勻。

2 取另外一只鋼盆混合**高筋麵粉**和**酵母**。混合均勻後取一半分量加入 **1** 裡面。以橡膠刮刀充分拌勻粉類和水。

POINT

分2次加入粉類

高筋麵粉的吸水率高，一次全部倒進去容易造成水分吸收不均勻而產生結塊現象。建議將粉類分2次添加並透過攪拌讓水分平均滲透。

添加牛奶的麵團特色

K.K.Baker

牛奶的成分除了水以外，還有乳脂、蛋白質等，具有緊實麵筋的效果。法式鄉村麵包的麵團含水量高，最大特色是濕黏。因此以牛奶取代水，處理麵團時會更加順手。另外，烤焙出爐時，麵包口感也比較有彈性。

延展＆摺疊

▼

＼這些步驟重複20次！／

＼靜置休息20分鐘／

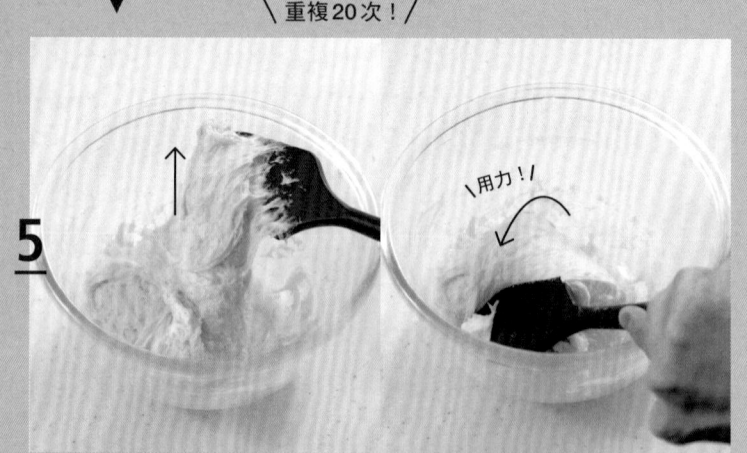

用力！

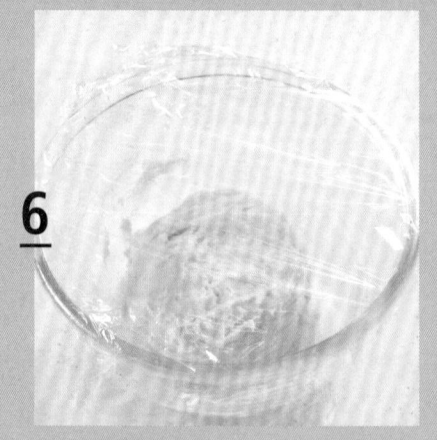

5 以橡膠刮刀舀起麵團進行延展，再向前摺疊並用力按壓。這些步驟共重複20次。

6 蓋上保鮮膜，置於室溫下休息20分鐘。

延展和摺疊以形成麵筋

K.K.Baker

混合小麥麵粉和水，並且施加力量以形成麵筋。口感鬆軟的麵包需要充分揉和以增強麵筋，但硬式麵包強調的是輕盈口感，麵筋不需要太強。就算沒有賣力揉麵團，只要透過延展與摺疊等施以適度壓力，再加上一定時間的休息，自然能形成適當程度的麵筋。

拌合成團後,蓋上保
鮮膜,置於室溫下休
息20分鐘。20分鐘
後,麵粉吸收的水分
遍布整個麵團,表面
看起來略顯潮濕。

3 加入剩餘麵粉,再次混合均勻。感覺有阻力不易攪拌時,
改用握拳抓握橡膠刮刀的方式,將麵團壓向鋼盆內側,翻
攪至沒有乾粉。

為什麼攪拌後要立即讓麵團休息

這是經常用於製作法國麵包等硬式麵包的手
法。透過靜置休息,讓粉類確實吸收水分,在
這段期間即使沒有揉和,也能自然形成麵筋。
比起攪拌後的黏稠狀態,形成麵筋的麵團相對
容易處理。

K.K.Baker

用力!

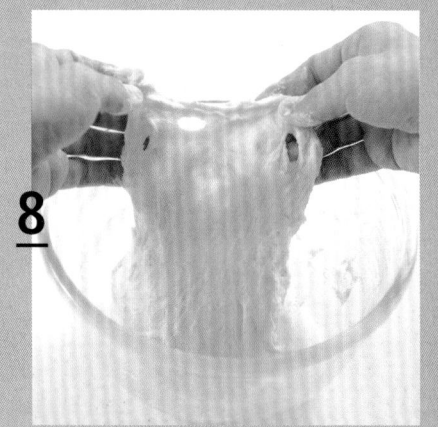

7 第二次延展&摺疊作業。同樣重複20次。相較於第一次,麵團延展性
增加。

8 第二次作業後,麵團狀態如上圖所示。
慢慢拉開麵團時,有些不均勻,甚至還
會斷裂。硬式麵包的筋性不需要太強,
這樣的狀態已經足夠。

基本發酵

🌡️ **發酵溫度**
35℃

⏱️ **發酵時間**
烤箱
50-60min

\蓋上保鮮膜！/　　　不進行手指測試
　　　　　　　　　　和排氣作業

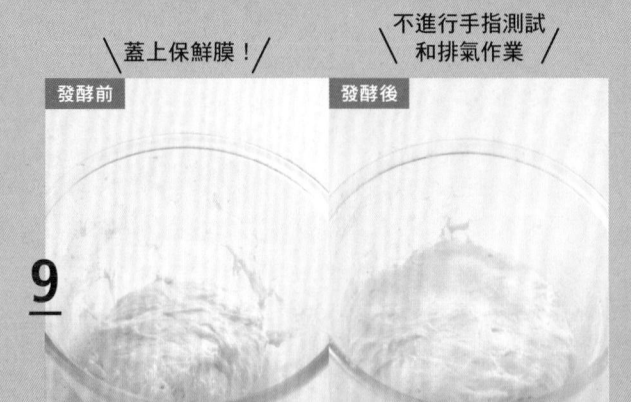

發酵前　　　　　　發酵後

9

影片教學

法式鄉村麵包 2
＊基本發酵後～
出爐

蓋上保鮮膜，進行基本發酵。使用烤箱的發酵功能，設定為35℃、50～60分鐘。發酵膨脹至原先的2倍大就完成了。

POINT

判斷依據是麵團大小，不是時間

麵粉、水的溫度、揉和程度等都可能造成麵團發酵速度變慢，因此判斷是否發酵完成的依據不是時間，而是麵團是否膨脹至原先的2倍大。若膨脹程度不足，視情況逐次增加5分鐘的發酵時間。

為什麼不進行手指測試和排氣作業

含水量高的麵團較為柔軟，即便用手指插進麵團裡也難以形成洞孔，無法從洞孔狀態判斷發酵情況，必須透過膨脹程度進行判斷。另外，不額外進行排氣，而是直接將內有氣泡的麵團放進烤箱中烤焙。

最後發酵

🌡️ **發酵溫度**
35℃

⏱️ **發酵時間**
烤箱
30-40min

烤箱預熱 🌡️ 240℃

\無須蓋上/
\保鮮膜！/

發酵前　　　　　　發酵後

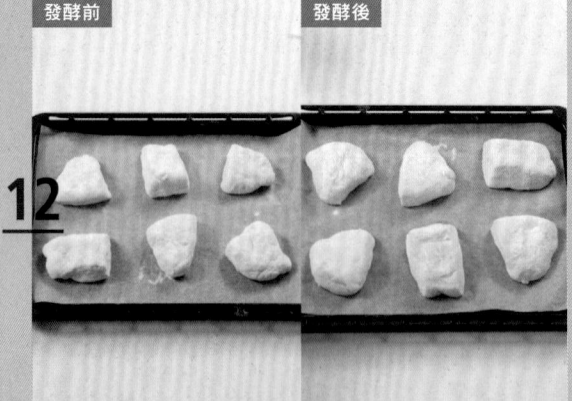

12

13

將麵團置於鋪有烤焙紙的烤盤上，在沒有覆蓋保鮮膜的狀態下進行最後發酵。使用烤箱的發酵功能，設定為35℃、30～40分鐘。發酵膨脹至大一圈就完成了。發酵結束後，開始預熱烤箱。

烤箱預熱結束後，在麵團表面斜劃一條切痕。訣竅在於刀刃要一氣呵成不停頓。家裡若沒有切痕刀，也可以使用菜刀。

POINT

以大一圈為依據

分割力道或烤箱狀況都可能造成發酵速度變慢。因此判斷是否發酵完成的依據不是時間，而是麵團是否膨脹至大一圈。

▼

10

11

在鋼盆與麵團之間撒手粉（高筋麵粉），工作檯面上也撒一些。以刮板沿著鋼盆繞一圈，將麵團移至工作檯。

為了防止麵團裡的氣體跑掉，用雙手輕輕提起麵團並整理成方形。使用刮板將麵團分割成6等分。形狀和大小有些參差不齊也無妨！再以濾茶器撒些高筋麵粉。

POINT

作業時邊撒手粉

麵團含水量高，容易沾黏，作業時必須在麵團和檯面上撒些手粉（高筋麵粉）。而為了避免麵團裡的氣體跑掉，動作盡量輕柔一些。

烤焙

🌡️溫度
240℃

🕐時間
20-24min

14

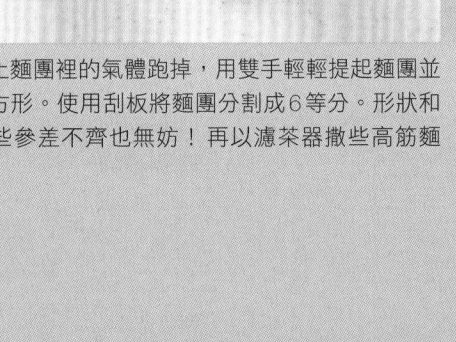

15

以噴霧瓶按壓2～3次，幫麵團加水保濕。

放入烤箱，以240℃下火烤焙20～24分鐘。出爐後擺放在網架上置涼。

劃切痕的訣竅

法式鄉村麵包的麵團含水量高，麵團容易沾黏於切痕刀上。為了有效避免這種情況發生，可事先在最後發酵前撒些高筋麵粉。麵粉吸收多餘水分，讓麵團表面不濕黏，有助於順利劃切痕。除此之外，劃切痕前先將麵團置於室溫下1～2分鐘，表面微乾也更容易入刀。

K.K.Baker

簡單又好吃

佛卡夏

| 麵團種類 | 馬鈴薯泥麵團 | 難易度 | ★ |

我構思了一款佛卡夏食譜，既鬆軟又具嚼勁，而且免揉麵團。使用馬鈴薯粉打造令人驚艷的耐嚼口感，這是單用麵粉所辦不到的技巧。可以直接單吃，搭配各種餡料也十分美味。不需要賣力揉和，只需要使用雙手整理形狀。這種既簡單又美味的體驗肯定會讓人上癮，身陷欲罷不能的漩渦中！

HOW TO BAKE FOCACCIA

目標口感
鬆軟中帶嚼勁

輕鬆製作訣竅
- 免揉麵團
- 免揉油脂，只需要攪拌
- 整形時不使用桿麵棍

材料

	直徑18cm 2片分量	烘焙比例
高筋麵粉	224g	80
馬鈴薯粉（市售）	56g	20
砂糖	17g	6
鹽	6g	2
⌈水	252g	90
⌊乾酵母	3g	1
橄欖油	28g	10
麵團重量	586g	209

其他　黑橄欖（無籽）…9顆
　　　岩鹽、高筋麵粉、橄欖油…各適量

Memo ——
馬鈴薯粉
用於打造Q彈口感。粉末顆粒狀方便使用。平底鍋也將在這個食譜中首次登場。若將整顆馬鈴薯加熱後使用，由於水分含量不一，難以精準調整，為求穩定的品質，建議使用水分含量一致的馬鈴薯粉。

準備

▶ 使用電子磅秤量秤材料。

　最小測量單位為1g，精準秤重。

▶ 將水加熱至40℃左右。以微波爐加熱的話，約40～50秒。

　酵母最活躍的溫度為32～35℃。麵團溫度過低不易發酵，可以添加溫水以提升麵團溫度。

影片教學
佛卡夏1
＊秤重～基本發酵前

55

製作麵團　| 在鋼盆中成團 |

▼

1

酵母倒入**溫水**裡攪拌，沒有完全溶解也沒關係！

2

鋼盆裡倒入**高筋麵粉、馬鈴薯粉、砂糖、鹽**，稍微拌開後加入**酵母水、橄欖油**。

K.K.Baker

將酵母溶解於水裡的理由

對於需要充分揉麵團的麵包來說，就算直接將酵母混合於粉類裡，之後也會經由揉和而自然溶解於麵團中，但製作佛卡夏麵包不需要揉麵團，可能會造成酵母無法確實溶解。因此改在一開始先溶解於水中，然後再與粉類混合在一起。

| 工作檯上揉麵團 |

▼

\揉／
\100次／

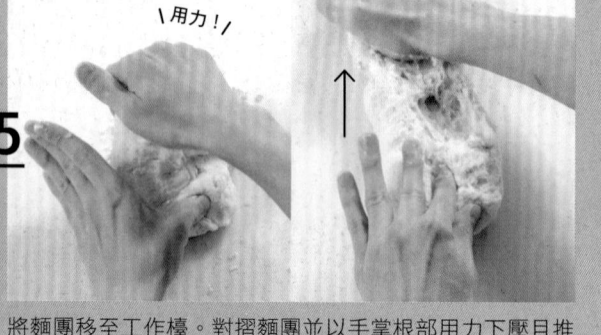

\用力！/

5

將麵團移至工作檯。對摺麵團並以手掌根部用力下壓且推向遠方。重複100次。

6

用雙手從下方托著麵團外側，並於檯面上邊旋轉邊整理成圓形。麵團表面略為不平整狀態。

— POINT —

免確認是否形成麵筋

這種麵團不需要形成太強的麵筋，就算揉和後拉成薄膜也容易立即斷裂，所以揉和100次後直接進入基本發酵階段。

| 手指測試 | 　| 排氣 | 　| 分割 |

▼ 　　　　▼ 　　　　▼

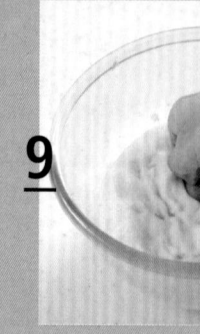

8

確認發酵狀態。以手指沾高筋麵粉，從麵團中央按下後拔出，洞孔沒有消失代表發酵完成。

9

由上往下輕壓，排除麵團裡的氣體。整體輕壓，擠破氣泡也沒關係！

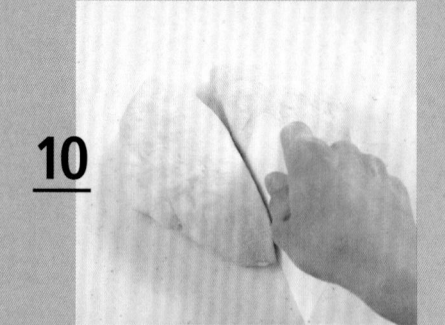

10

將麵團移至工作檯，輕壓延展後以刮板平均分割成2等分。

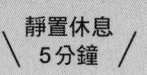
靜置休息
5分鐘

3 使用橡膠刮刀攪拌至成團。稍後會再進行揉和作業,所以現階段麵團顏色斑駁不均也沒關係。

4 蓋上保鮮膜,置於室溫下休息5分鐘。靜置時間能幫助水分確實滲透至馬鈴薯粉中。

馬鈴薯和橄欖油增添 Q彈且清脆的口感

馬鈴薯的主要成分是澱粉,添加於麵團裡打造彈牙口感(本食譜使用方便處理的馬鈴薯粉)。另外,橄欖油具干擾麵筋形成的功用,能使口感輕盈酥脆。不同於奶油,不需要用力揉和至油脂吸收到麵團裡,相對輕鬆方便。

基本發酵

🌡️ **發酵溫度**
35℃

⏱️ **發酵時間**
烤箱
50-60min

影片教學
佛卡夏2
＊基本發酵後～
出爐

蓋上保鮮膜!

發酵前　　　　發酵後

7

蓋上保鮮膜,進行基本發酵。使用烤箱的發酵功能,設定為35℃、50～60分鐘。發酵膨脹至原先的2倍大就完成了。

POINT

判斷依據是麵團大小,不是時間

麵粉、水的溫度、揉和程度等都可能造成麵團發酵速度變慢,因此判斷是否發酵完成的依據不是時間,而是麵團是否膨脹至原先的2倍大。若膨脹程度不足,視情況逐次增加5分鐘的發酵時間。

鬆弛 ⏱️ 10分鐘
▼

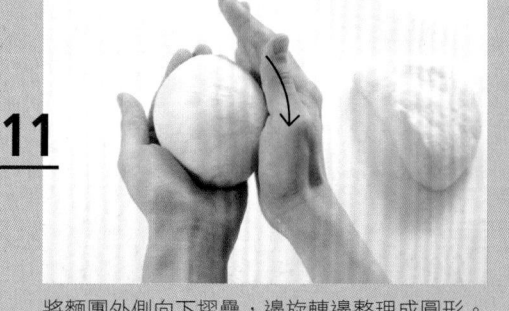

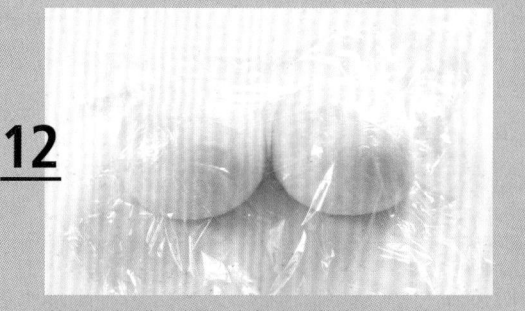

11 將麵團外側向下摺疊,邊旋轉邊整理成圓形。捏緊麵團底部收口處並朝下擺放。

12 蓋上保鮮膜,靜置於室溫下休息10分鐘。

整形

13 將麵團擺在撒好手粉（高筋麵粉）的工作檯上，用雙手將麵團延展成直徑15cm左右的圓形。

14 放在鋪有烤焙紙的烤盤上。最後發酵會再稍微膨脹些，所以2個麵團之間務必預留一些空間。

K.K.Baker

佛卡夏是義大利的家常麵包

不少餐廳會隨餐附上佛卡夏，相信大家應該都很熟悉，佛卡夏原是義大利的家常麵包，最大特色是外形扁平。由於作法近似披薩，也有人說佛卡夏是披薩的原型。不過在發源地義大利，佛卡夏通常是四方扁平形狀。

16 麵團表面塗刷滿滿一層橄欖油。

POINT

多到快滴下來的橄欖油！

在麵團表面塗刷橄欖油，經烤焙後會因為溫度上升而形成像炸物般的酥脆口感。為了讓橄欖油於烤焙過程中滴落至麵團下方，一開始盡量塗刷至感覺似乎有點太多的程度。

17 用手指在麵團上戳洞孔。3根手指同時操作，比較能夠戳出等距的洞孔。使用1根手指戳洞當然也OK！

烤焙

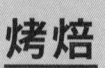 **溫度**
220℃

時間
12-15min

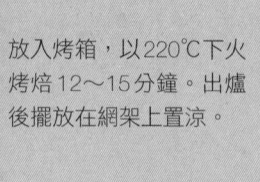

19 放入烤箱，以220℃下火烤焙12～15分鐘。出爐後擺放在網架上置涼。

最後發酵

🌡發酵溫度
35℃

🕐發酵時間
烤箱
30-40min

\ 蓋上保鮮膜！/

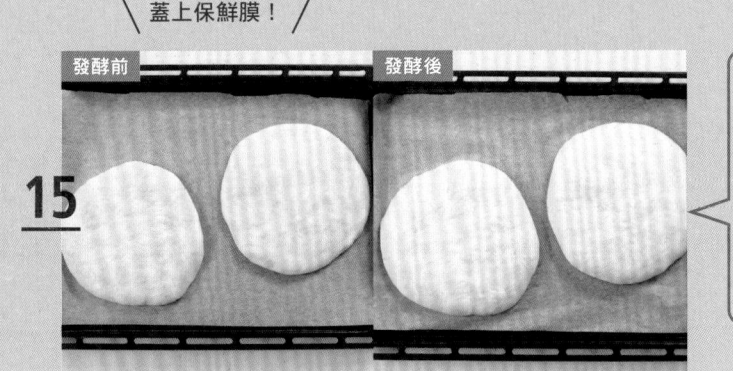

發酵前　　　　發酵後

15

POINT

以大一圈為依據

整形的力道或烤箱狀況都可能造成發酵速度變慢。因此判斷是否發酵完成的依據不是時間，而是麵團是否膨脹至大一圈。

蓋上保鮮膜進行最後發酵。使用烤箱的發酵功能，設定為35℃、30～40分鐘。發酵膨脹至大一圈就完成了。發酵結束後，開始預熱烤箱（等待時，麵團持續蓋著保鮮膜置於室溫下）。

K.K.Baker

為什麼要在麵團上戳洞孔

參差不齊的洞孔更增添佛卡夏獨一無二的豐富樣貌，但在麵團表面戳洞孔並非純粹為了裝飾，而是為了打造空氣（水蒸氣）通道，讓整體膨脹程度均勻一致。若不事先戳洞孔，麵團遇熱膨脹易導致空氣將麵團向上頂而出現凹凸不平的現象。

18

在其中一個麵團的洞孔裡填塞橄欖。麵團經烤焙後會膨脹，所以填塞橄欖時要用力向下壓。另外，2個麵團表面都撒些岩鹽（本食譜使用顆粒較粗的椒鹽（pretzel salt）／p.87）。

烤焙成一大片也OK

使用的材料和製作方法皆相同，但步驟**10**中不將麵團分割成2等分，並且在步驟**13**中將麵團形狀整理成直徑25cm左右的大圓（最後發酵和烤焙時會再稍微膨脹，出爐時大約是直徑27cm的大小）。放入預熱220℃烤箱中烤焙12～15分鐘。

在切塊上花點心思！

可以切成長條狀、四方形，也可以像蛋糕一樣切成放射狀。正因為烤焙成一大塊，切塊方法更為自由且多樣化。

家庭披薩

麵團種類 披薩麵團　**難易度** ★

在家也能輕鬆製作出餅皮圈同樣美味的正統披薩。整個過程只需要發酵1次，從製作麵團到出爐所花費的時間僅短短1個鐘頭。初次挑戰做麵包的人也不會失敗，跟外送披薩比起來更便宜好吃，強烈建議大家嘗試看看！品嘗過一次剛出爐的熱呼呼披薩，相信您也會愛上手作麵包而沉迷其中！親友齊聚一堂時，試著端出這道好菜宴請大家吧。

HOW TO BAKE PIZZA

目標口感
香脆又紮實

簡單做訣竅
· 免揉麵團
· 不需要最後發酵

材料

	直徑27 cm 1片分量	烘焙比例
高筋麵粉	120g	60
低筋麵粉	80g	40
鹽	4g	2
⌈水	124g	62
⌊乾酵母	4g	2
橄欖油	20g	10
麵團重量	352g	176

其他　市售義大利麵醬（番茄口味）…30～50g
培根…3片
高筋麵粉、橄欖油、披薩用起司、羅勒…各適量

memo
義大利麵醬
使用披薩專用醬當然沒問題，但也可以選用更方便取得的市售義大利麵醬。義大利麵醬的種類多樣化，能夠製作出口味豐富的披薩。

準備

▶ 使用電子磅秤量秤材料。

最小測量單位為1g，精準秤重。

▶ 將水加熱至40℃左右。以微波爐加熱的話，約20～30秒。

酵母最活躍的溫度為32～35℃。麵團溫度過低不易發酵，可以添加溫水以提升麵團溫度。

影片教學
披薩 1
＊秤重～基本
發酵前

製作麵團　在鋼盆中成團

▼

1 酵母倒入溫水裡攪拌，沒有完全溶解也沒關係！

2 鋼盆裡倒入高筋麵粉、低筋麵粉、鹽、橄欖油，稍微拌開後加入酵母水。

3 使用橡膠刮刀攪拌至成團。再以刮板將麵團移至工作檯。

麵團口感因比例而改變

披薩麵團使用高筋麵粉和低筋麵粉2種。筋性強的高筋麵粉比例高，口感較為彈牙；筋性弱的低筋麵粉比例高，口感則較為乾脆。

— POINT —

麵團刮乾淨

將沾黏於鋼盆內側和橡膠刮刀上的麵團全都刮乾淨並聚攏起來。

基本發酵

🌡發酵溫度
35℃

⏱發酵時間
烤箱
50-60min

\ 蓋上保鮮膜！/

手指測試

▼

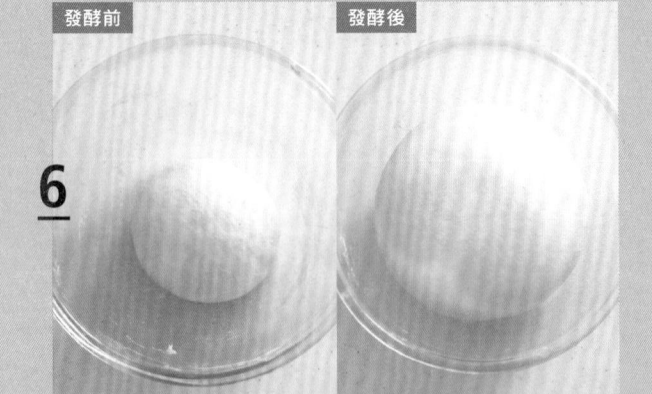

發酵前　　　　發酵後

6 蓋上保鮮膜，進行基本發酵。使用烤箱的發酵功能，設定為35℃、50～60分鐘。發酵膨脹至原先的2倍大就完成了。

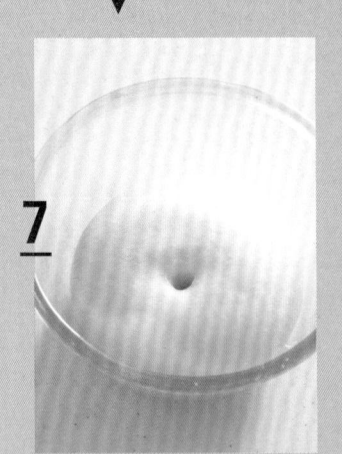

7 確認發酵狀態。以手指沾高筋麵粉，從麵團中央按下後拔出，洞孔沒有消失代表發酵完成。

影片教學
披薩2
＊基本發酵後～
出爐

— POINT —

判斷依據是麵團大小，不是時間

麵粉、水的溫度、揉和程度等都可能造成麵團發酵速度變慢，因此判斷是否發酵完成的依據不是時間，而是麵團是否膨脹至原先的2倍大。若膨脹程度不足，視情況逐次增加5分鐘的發酵時間。

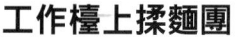

揉
\ 100次 /

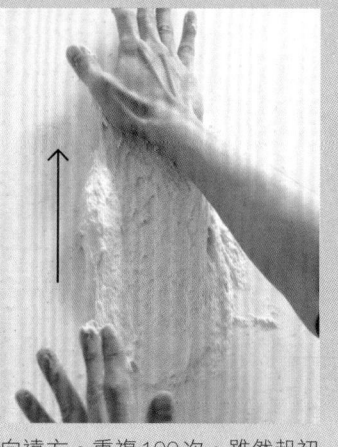
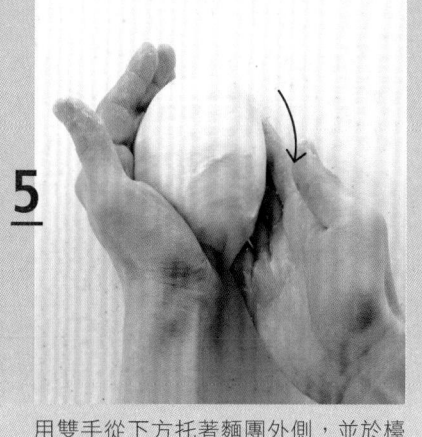

\用力！/

4

對摺麵團並以手掌根部用力下壓且推向遠方。重複100次。雖然起初有些黏手，但隨著揉和動作的進行，就會自然逐漸聚合成團。

5

用雙手從下方托著麵團外側，並於檯面上邊旋轉邊整理成圓形。

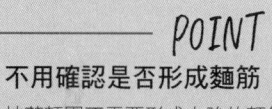

--- POINT ---

不用確認是否形成麵筋

披薩麵團不需要形成太強的麵筋，就算揉和後拉成薄膜也會立即斷裂，所以揉100次後直接進入基本發酵階段。

排氣

鬆弛 🕐 10分鐘

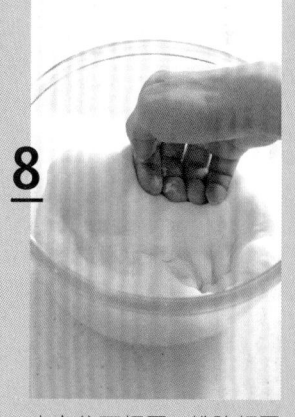

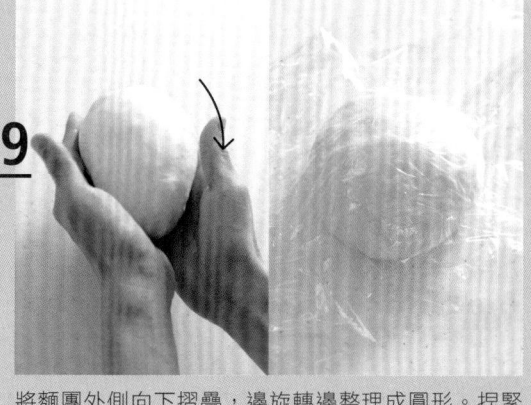

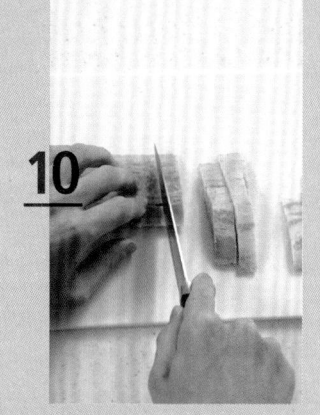

8

由上往下輕壓，排除麵團裡的氣體。整體輕壓，擠破氣泡也沒關係！

9

將麵團外側向下摺疊，邊旋轉邊整理成圓形。捏緊麵團底部收口處並朝下擺放。蓋上保鮮膜，靜置於室溫下休息10分鐘。

10

在鬆弛期間先準備餡料。培根切成1cm寬。

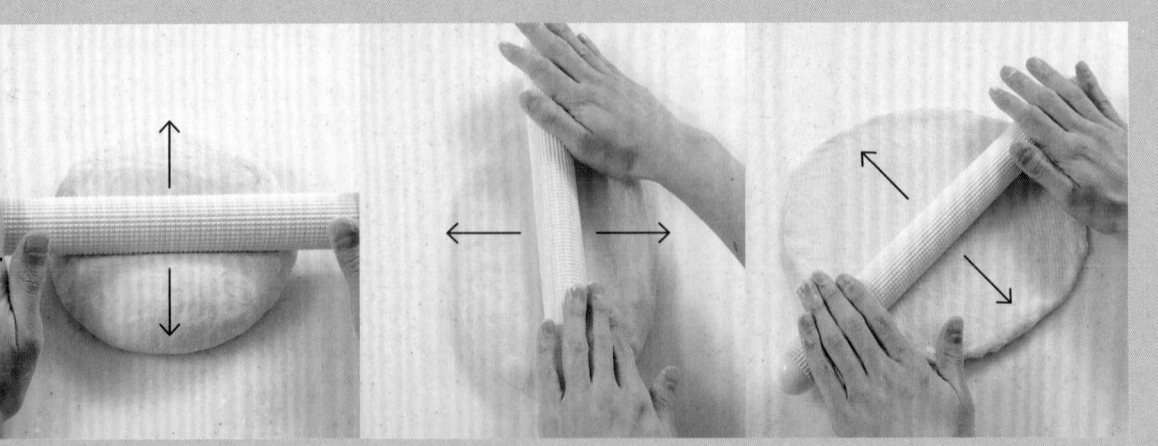

11

預熱烤箱。將麵團擺在撒好手粉（高筋麵粉）的工作檯面上。取桿麵棍置於麵團中間，向上下滾動。接著縱向擺放並向左右滾動。最後斜放桿麵棍，將麵團調整成直徑 27 cm 左右的圓形。

— POINT —

以相同力道上下、左右、斜向滾動

將麵團桿成圓形的訣竅是將桿麵棍先置於麵團中間，然後以相同力道朝上下左右、斜向滾動。並非一開始就使勁滾動，而是朝多個方向慢慢延展至目標大小。

15

整體鋪培根，撒起司。

16

用刷子在餅皮圈塗刷橄欖油。

塗刷橄欖油有什麼效果？

烤焙時由於周圍比中心更容易導熱，可能造成某些部位焦黑。在餅皮圈塗刷橄欖油，有助於烤色更加均勻。另外也具有燒烤效果，讓餅皮圈口感更為酥脆美味。

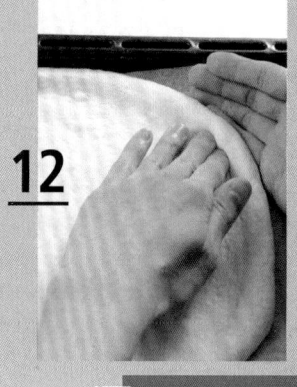

12

麵團置於鋪有烤焙紙的烤盤上。如同打造城牆般，用手將邊緣立起來，讓餅皮圈部位稍微厚一些。

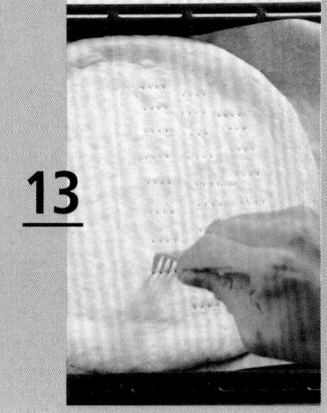

13

用叉子在餅皮圈以外的所有部分戳洞（為了避免烤焙時向上膨脹）。

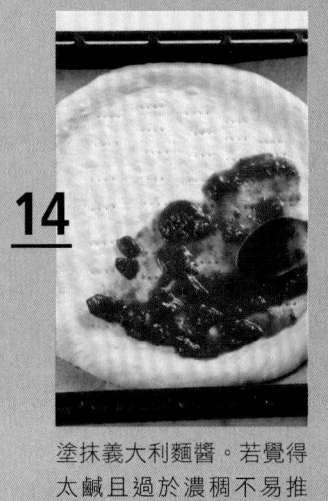

14

塗抹義大利麵醬。若覺得太鹹且過於濃稠不易推開，可以加些橄欖油稀釋。

為什麼需要製作厚一點的餅皮圈？

餅皮圈能防止醬料外溢。除此之外，同一個披薩的餅皮有厚薄之分，不僅打造口感上的差異，也能同時享用兩種不同質地的滋味。軟綿綿的鬆厚餅皮圈十分美味。

烤焙

🌡️ **溫度**
250℃

🕐 **時間**
9-12min

＼出爐後 趁熱享用！／

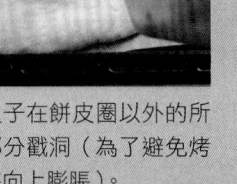

17

放入烤箱，以250℃下火烤焙9～12分鐘。

各種義大利麵醬搭配餡料食材，享受多樣化風味

這樣的組合也十分美味。

「明太子麻糬披薩」

明太子醬×麻糬×起司×海苔（撒在醬汁上）

「青醬風披薩」

羅勒青醬×培根×起司

正統法國長棍麵包

麵團種類 法國長棍麵包麵團　**難易度** ★★

簡單製作正統法國長棍麵包的食譜。吃起來宛如使用天然酵母製作且味道極具層次感的法國長棍麵包。訣竅在於使用優格取代部分的水。一點點微酸即能瞬間凸顯味道的深度與層次。無須在工作檯上用力揉和，只需要在鋼盆裡反覆延展與摺疊就能完成麵團製作。請大家盡情享用輕鬆烤焙出爐的美味披薩！

HOW TO BAKE BAGUETTE

目標口感
乾乾脆脆

簡單做訣竅
・免在檯面上揉麵團
・優格增加味道的層次

材料

	2條分量	烘焙比例
高筋麵粉	150g	60
低筋麵粉	100g	40
乾酵母	3g	1.2
原味優格	100g	40
水	115g	46
鹽	5g	2
麵團重量	473g	189.2

其他 高筋麵粉、上新粉（米粉）…各適量

memo

原味優格

優格的乳酸菌搭配酵母菌有相得益彰的效果，能夠讓味道更具深度與層次感。這裡使用不加糖的原味優格。

準備

▶ 使用電子磅秤量秤材料。

最小測量單位為1g，精準秤重。

▶ 將水加熱至40℃左右。以微波爐加熱的話，約20～30秒。

酵母最活躍的溫度為32～35℃。麵團溫度過低不易發酵，可以添加溫水以提升麵團溫度。

影片教學

法國長棍麵包 1

＊秤重～基本發酵前

製作麵團 | 在鋼盆中成團

▼

1 大鋼盆裡倒入**優格**和**溫水**、**鹽**。

2 取另外一只鋼盆混合**高筋麵粉**、**低筋麵粉**、**酵母**。混合均勻後取一半分量加入**1**裡面。以橡膠刮刀充分拌勻粉類和水。

延展&摺疊

▼

\ 這些步驟 /
\ 重複20次！ /

\ 休息 /
\ 20分鐘 /

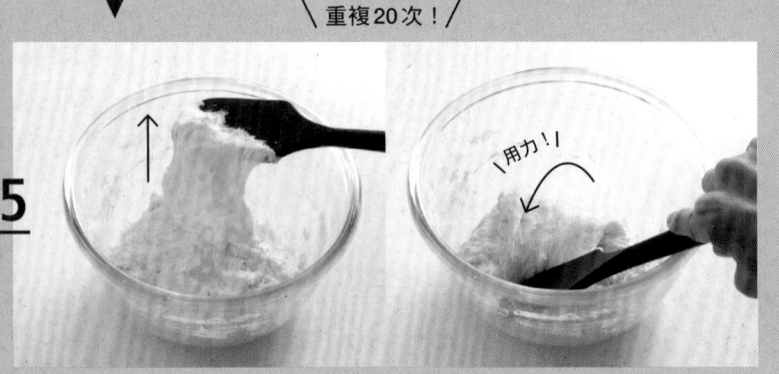

↑

\ 用力！ /

↓

5 以橡膠刮刀舀起麵團進行延展，再向前摺疊並用力按壓。這些步驟共重複20次。

6 蓋上保鮮膜，置於室溫下休息20分鐘。

基本發酵

🌡 **發酵溫度**
35℃

⏱ **發酵時間**
烤箱
50-60min

影片教學
法國長棍麵包 2
＊基本發酵後～
出爐

\ 蓋上保鮮膜！ /

\ 不進行手指測試 /
\ 和排氣作業 /

發酵前 / 發酵後

8 蓋上保鮮膜，進行基本發酵。使用烤箱的發酵功能，設定為35℃、50～60分鐘。發酵膨脹至原先的2倍大就完成了。

POINT

判斷依據是麵團大小，不是時間

麵粉、水的溫度、揉和程度等都可能造成麵團發酵速度變慢，因此判斷是否發酵完成的依據不是時間，而是麵團是否膨脹至原先的2倍大。若膨脹程度不足，視情況逐次增加5分鐘的發酵時間。

以擠壓水
的感覺

休息
20分鐘

3 加入剩餘麵粉，再次攪拌均勻成團。

4 蓋上保鮮膜，置於室溫下休息20分鐘。20分鐘後，麵團表面看起來略顯潮濕。

K.K.Baker

添加原味優格的麵團特色

添加優格的麵團偏酸性，能幫助活化酵母的運作。如此一來，酵母作用促進產生更多氣體，進而增加麵包裡的氣泡。另外也因為酵母和乳酸菌相互作用，味道變得複雜且有層次，輕輕鬆鬆就能打造出天然酵母的風味。

第二次同樣
重複20次！

用力！

7 第二次延展＆摺疊作業。同樣重複20次。相較於第一次，麵團延展性增加。

┌─ **POINT** ─┐

不用確認是否形成麵筋

免揉麵團不需要形成太強的麵筋，就算揉和後拉成薄膜也會立即斷裂，所以延展＆摺疊作業完成後直接進入基本發酵階段。

K.K.Baker

為什麼不進行手指測試與排氣作業

含水量高的麵團偏柔軟，即便用手指插進麵團裡也難以形成洞孔，無法從洞孔狀態判斷發酵情況，必須透過膨脹程度進行判斷。另外，不額外進行排氣，而是直接將內有氣泡的麵團放進烤箱中烤焙。

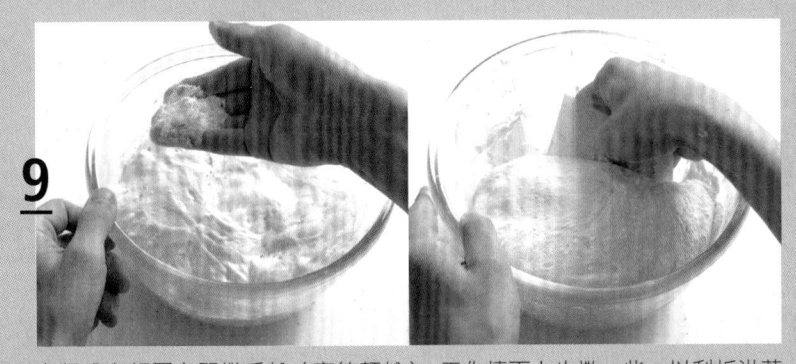

9 在鋼盆與麵團之間撒手粉（高筋麵粉），工作檯面上也撒一些。以刮板沿著鋼盆繞一圈，將麵團移至檯面上。

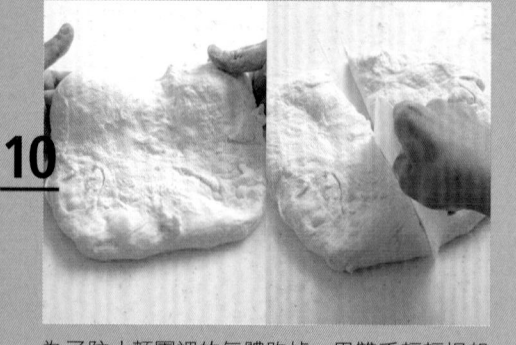
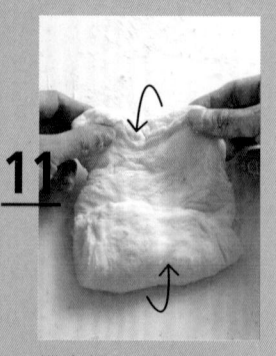

為了防止麵團裡的氣體跑掉，用雙手輕輕提起麵團並整理成方形。然後用刮板將麵團分割成2等分。

縱向擺放並摺疊成三摺。

蓋上保鮮膜，靜置於室溫下休息10分鐘。

只壓緊
收口部位

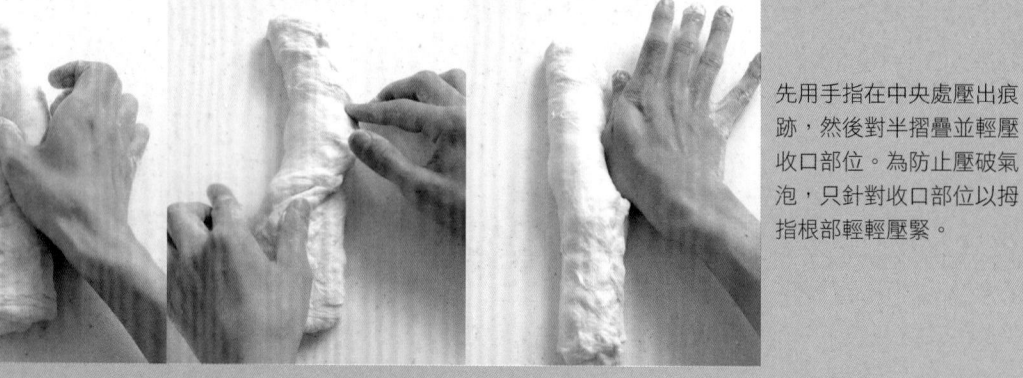

先用手指在中央處壓出痕跡，然後對半摺疊並輕壓收口部位。為防止壓破氣泡，只針對收口部位以拇指根部輕輕壓緊。

最後發酵

🌡發酵溫度
室溫（20-25℃）
🕐發酵時間
30-40min

用烤焙紙捲起來
並以夾子固定！

發酵前　　　　發酵後

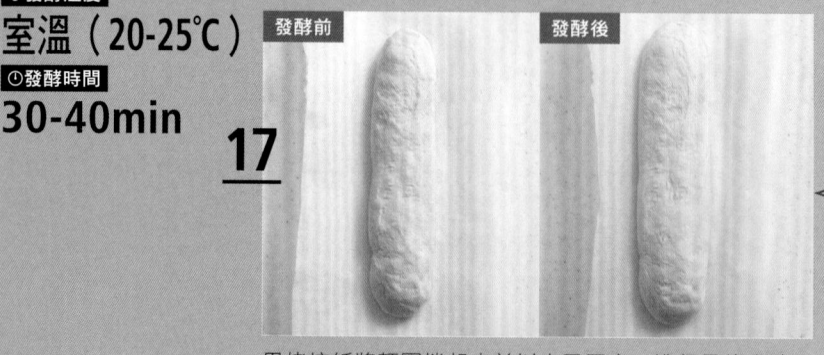

用烤焙紙將麵團捲起來並以夾子固定，進行最後發酵。置於室溫（20～25℃）下，發酵30～40分鐘。發酵膨脹至大一圈就完成了。發酵結束前10分鐘，預熱烤盤和烤箱。

POINT

置於室溫下發酵

想讓法國長棍麵包內含大量氣泡，必須讓麵團在放進烤箱烤焙時能維持發酵最高峰時的溫度（35℃左右）。基於這樣的緣故，必須在較低溫度（20～25℃）的狀態下進行最後發酵。

整形

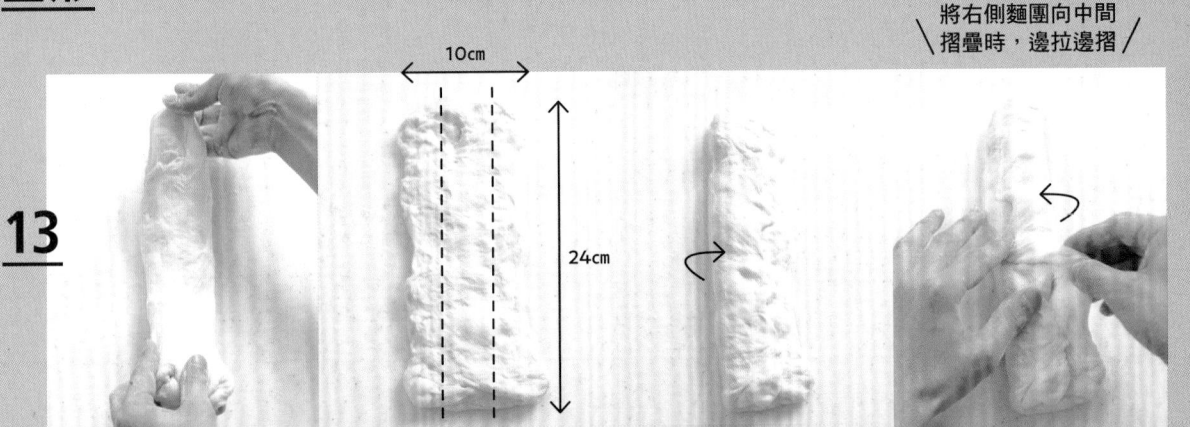

將右側麵團向中間
摺疊時,邊拉邊摺

13
10cm
24cm

用手輕拉麵團,延展成10×24cm大小。從麵團左右各向中間摺疊⅓。由於麵團較長,請用手指由上至下慢慢摺疊麵團。

15

收口部位朝下置於工作檯,用濾茶器撒些上新粉。

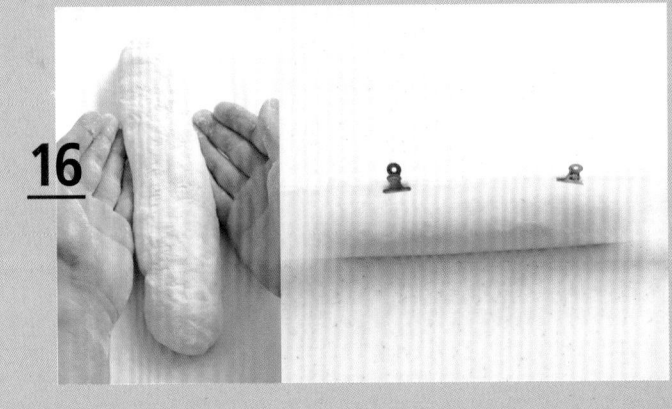

16

裁剪一張20cm寬的烤焙紙並將麵團捲起來,調整麵團粗細,然後如圖所示地以夾子固定烤焙紙的兩端,進入最後發酵階段。

烤焙

🌡️**溫度**
240℃
🕐**時間**
20-24min

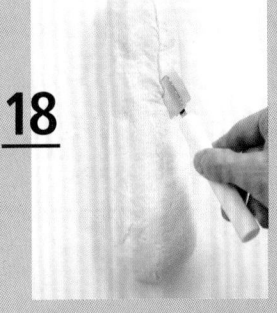

18

烤箱預熱好之後,在麵團上劃切痕。訣竅在於刀刃要一氣呵成不停頓。家裡若沒有切痕刀,也可以使用菜刀。

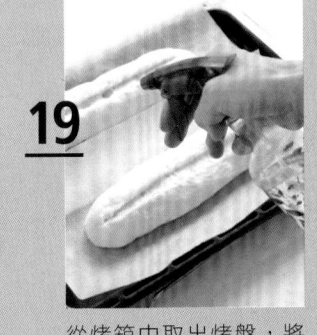

19

從烤箱中取出烤盤,將麵團連同烤焙紙置於烤盤上。以噴霧瓶按壓2～3次,幫麵團加水保濕。

20

放入烤箱,以240℃下火烤焙20～24分鐘。出爐後擺放在網架上置涼。

Column 2
在家玩烘焙

現今這個時代裡，我們能夠輕易取得經濟實惠又好吃的麵包，
為什麼還要花費時間和勞力自己烤「麵包」呢？
當然了，剛出爐的麵包肯定好吃又充滿香氣。
但除此之外，「自己烤麵包」其實有著非常重大的意義。

那就是烤麵包是最棒的自我充電方式。

想為自己充電，重新啟動時，試著喝杯咖啡、出門散步、眺望大自然，接
受不同於往常的刺激，有助於讓心情煥然一新。

而我認為烤麵包正好就兼具這些所有要素。

剛開始揉麵團時，結塊又黏手。
隨著揉和動作愈來愈有彈性，表面也變得光滑。
最後再透過觸感和外觀判斷揉和作業是否完成。

麵團發酵時逐漸膨脹變大，散發一股淡淡的發酵香氣。
以手指確認發酵狀態，仔細觀察麵團的同時也調整形狀。

烤焙麵包時，感覺濃郁的烘烤香氣，感受一口咬下時瞬間在嘴裡散開的小
麥風味⋯⋯。

烤焙麵包比想像中更需要調動五感，
在製作過程中也必須隨時加以感受。

實際嘗試烤焙麵包，你會發現自己在不知不覺間變得心無旁騖。這是因為
在製作過程中，全部思緒都集中在自己的感覺中。

烤焙麵包有著不同於平日的刺激，我覺得非常有趣，而且非得自己動手做
才有意義。

等待發酵的時間。
和愛犬一起
出去散步。

PART 3

享受各種變化的樂趣
學習製作
多樣化的麵包

彷彿商品種類多到令人眼花撩亂的麵包店，接下來將為大家介紹各式各樣的麵包。
基本材料搭配副材料所製作的麵團、製作過程略顯繁瑣的整形作業等等。
隨處穿插製作麵包的小提示，只要掌握變化的能力，烘焙世界將變得更加寬廣！

一吃就停不下來
培根麥穗法國麵包

麵團種類 法國長棍麵包麵團　**難易度** ★ ★ ★

法文「EPI」是「麥穗」的意思，同法式小餐包
（p.22）一樣使用法國長棍麵包麵團，另外搭配多汁
的鹽味培根。表面酥脆，內含培根的天然鮮美滋
味，好吃到讓人咬一口就停不下來。麵團水分含量
多且黏手，要均勻拉長並不容易，但最終若能拉出
漂亮的麥穗形狀，那種令人欣喜雀躍的成就感真的
難以言喻！建議大家改變內餡，嘗試各種不同風味
的創意麵包。

HOW TO BAKE BACON ÉPI

目標口感

乾乾脆脆

學習變化能力

・使用剪刀整形

不同變化！　紅豆芝麻麥穗法國麵包
番茄起司麥穗法國麵包
→請參照p.79

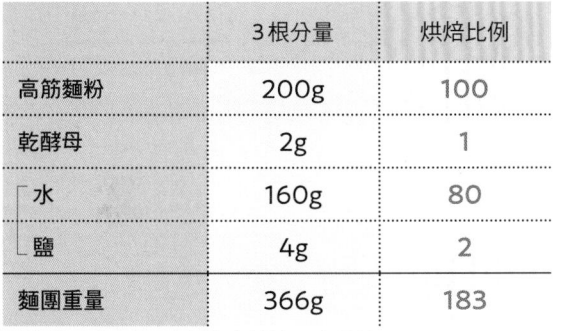

材料

	3根分量	烘焙比例
高筋麵粉	200g	100
乾酵母	2g	1
水	160g	80
鹽	4g	2
麵團重量	366g	183

其他　高筋麵粉、上新粉（米粉）…各適量
培根…3片

準備

▶ 使用電子磅秤量秤材料。

　最小測量單位為1g，精準秤重。

▶ 將水加熱至40℃左右。以微波爐加熱的話，
　約30～40秒。

　酵母最活躍的溫度為32～
35℃。麵團溫度過低不易發
酵，可以添加溫水以提升麵團
溫度。

製作麵團～基本發酵

請參照p.24～p.26「法式小餐包」的步驟1～8（基本發酵完成為止）製作麵團。不進行手指測試和排氣作業。

影片教學

培根麥穗
法國麵包 1
＊秤重～基本發酵前

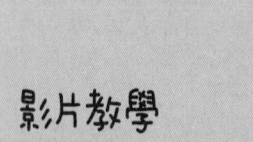

影片教學

培根麥穗
法國麵包 2
＊基本發酵後～出爐

基本發酵後

＊從發酵結束後的狀態開始說明

分割
▼

9

在鋼盆與麵團之間撒手粉（高筋麵粉），工作檯面上也撒一些。用刮板沿著鋼盆繞一圈，將麵團移至工作檯。

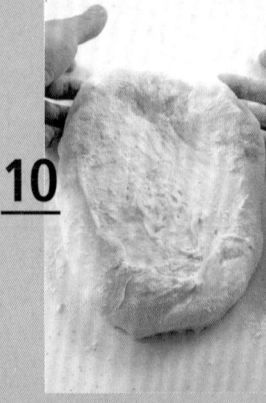

10

為了防止麵團裡的氣體跑掉，用雙手輕輕提起麵團並整理成方形。

— POINT —

作業時邊撒手粉

麵團含水量高，容易沾黏，作業時必須在麵團和檯面上撒些手粉（高筋麵粉）。

整形

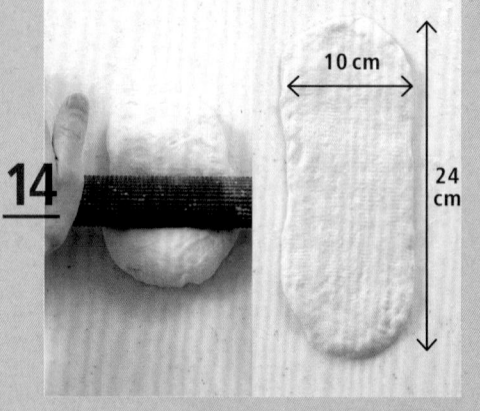

14

10 cm
24 cm

將桿麵棍擺在麵團中間，上下滾動將麵團延展成 10×24 cm 大小。

15

在中間擺一片培根。從左右側摺疊麵團，摺成三摺。

— POINT —

將培根包在內側

摺疊麵團時，將培根的兩端也摺入內側。如此一來，麵包出爐時才能看到漂亮的培根剖面。

▼

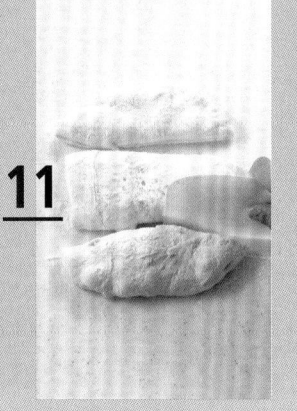

11

以刮板分成3等分。

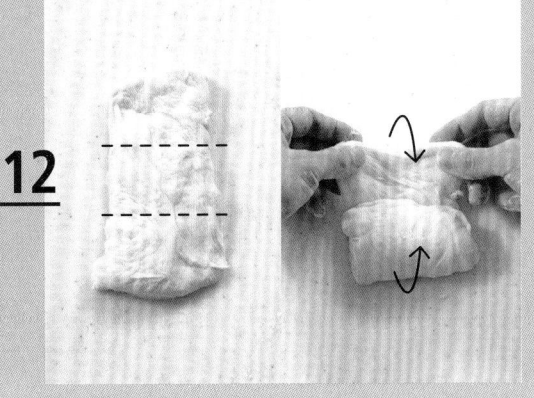

12

縱向擺放麵團，如圖所示地摺疊成三摺。將靠近身邊的這一側往前摺疊，用手指壓緊；接著將對側往自己的方向摺疊，同樣用手指壓緊。

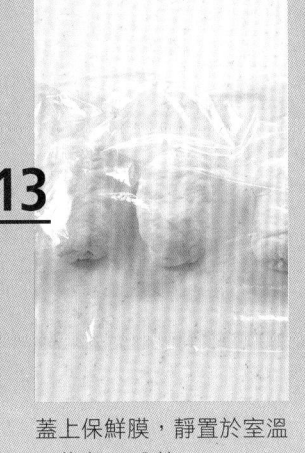

13

蓋上保鮮膜，靜置於室溫下休息10分鐘。

為什麼需要摺三摺？

未在工作檯上進行揉和作業，因此麵筋相對較弱。為了彌補這一點，將麵團摺疊成三摺，並透過手指緊壓給予負荷。對麵團施加壓力有助於強化麵筋，讓麵團更具彈性。

只壓緊
收口部位

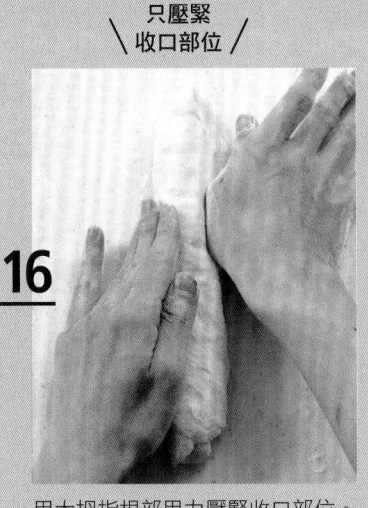

16

用大拇指根部用力壓緊收口部位。

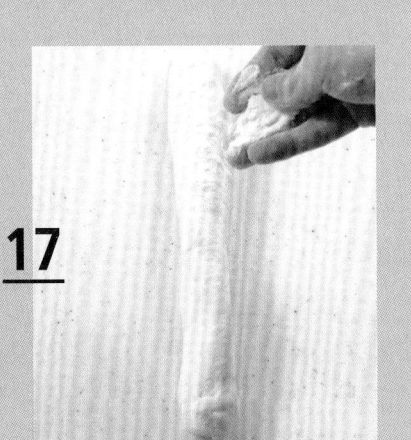

17

收口部位朝下置於工作檯上。整體撒上新粉，切成10㎝寬並置於烤焙紙上。

為什麼使用上新粉

上新粉是粳米碾製而成，不含麩質，能使麵團不黏手而容易處理。在這個階段先撒些上新粉備用，最後發酵完成後比較容易劃切痕，烤焙後的表面也更加脆硬。家裡若沒有上新粉，可用高筋麵粉取代。

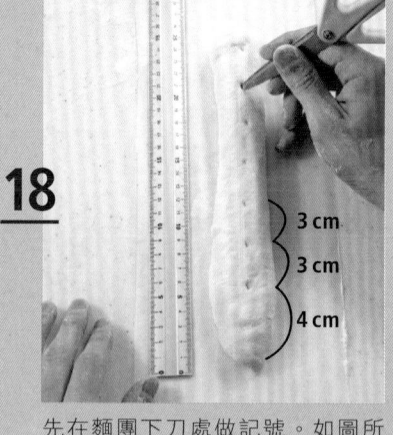

18

3 cm
3 cm
4 cm

先在麵團下刀處做記號。如圖所示，先是4 cm處，然後每隔3 cm做個記號，共7處。

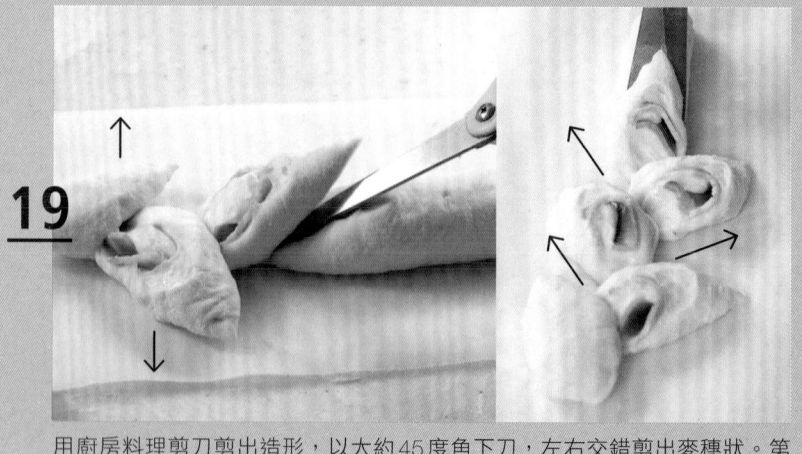

19

用廚房料理剪刀剪出造形，以大約45度角下刀，左右交錯剪出麥穗狀。第一次下刀後向左挪動，第二次向右挪動，依序交錯。

POINT

適當深度！

一刀剪到適當深度，但千萬不要剪到底。相反的，剪得太淺反而無法確實向左右兩側錯開，造成麵團在烤焙時因膨脹而變形。

烤焙

🌡溫度
240℃
⏱時間
20-24min

21

預熱結束後，按壓噴霧瓶2～3次，幫麵團加水保濕。

22

放入烤箱，以240℃下火烤焙20～24分鐘。出爐後擺放在網架上置涼。

最後發酵

🌡發酵溫度
35℃

🕐發酵時間
烤箱
30-40min

無須蓋上
保鮮膜！

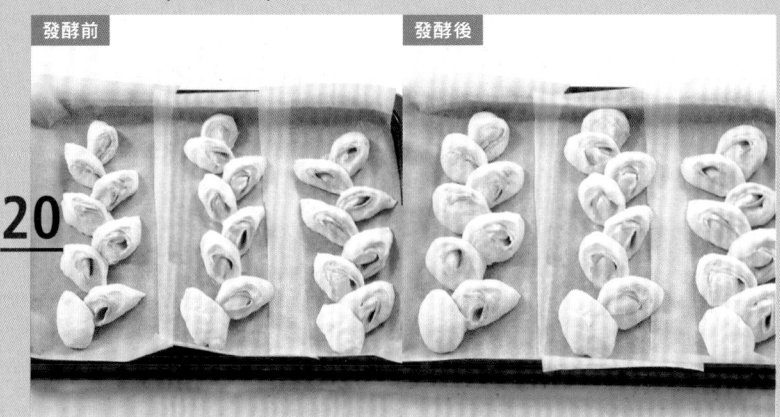

發酵前　　　　　　　　發酵後

20

在沒有蓋上保鮮膜的狀態下進行最後發酵。使用烤箱的發酵功能，設定為35℃、30～40分鐘。發酵膨脹至大一圈就完成了。發酵結束後，開始預熱烤箱（等待時，麵團不覆蓋保鮮膜置於室溫下）。

╌ POINT ╌

以大一圈為依據

整形的力道或烤箱狀況都可能造成發酵速度變慢。因此判斷是否發酵完成的依據不是時間，而是麵團是否膨脹至大一圈。

變化／創意

鹹味麥穗法國麵包非常美味，
而甜味麥穗法國麵包也不遑多讓！
添加紅豆餡，充滿法式紅豆麵包的風味。
除了番茄起司，綠橄欖也十分對味。

紅豆芝麻麥穗法國麵包
番茄起司麥穗法國麵包

在步驟 15 中，每隔 3 cm 左右交替塗抹紅豆餡，製作「紅豆芝麻麥穗法國麵包」。同樣在步驟 15 中塗抹番茄醬並撒上披薩用起司，製作「番茄起司麥穗法國麵包」。另外，製作紅豆芝麻麥穗法國麵包時，於步驟 21 之後撒些芝麻。

肉桂捲

超級無敵美味

麵團種類 布里歐麵包麵團　難易度 ★★

肉桂捲也是咖啡廳的招牌甜點。麵團裡添加大量雞蛋和奶油，能同時享受酥脆與鬆軟口感。外觀看來似乎有些困難，但其實只要將麵團桿薄、塗刷肉桂奶油，然後捲起來並分割成數塊就可以了，出乎意料地簡單。大家可以嘗試使用其他變化方式來取代傳統的蝸牛捲造型。由於外觀華麗，送給親朋好友時，或許還會得到「跟店裡賣的一樣漂亮！」的稱讚。

HOW TO BAKE CINNAMON ROLL

目標口感

酥脆且鬆軟

學習變化能力

・使用桿麵棍延展成方形
・手捲麵團，分割整形

不同變化！

鮪魚玉米捲
→請參照p.85

材料

	6個分量	烘焙比例
高筋麵粉	220g	100
砂糖	13g	6
鹽	4g	1.8
乾酵母	4g	1.8
牛奶	88g	40
蛋	66g	30
無鹽奶油	33g	15
麵團重量	428g	194.6

肉桂奶油　無鹽奶油…66g　肉桂粉…4g　精白砂糖…44g
糖霜　糖粉…45g　水…5g～
其他　高筋麵粉、蛋（麵團用剩的）…各適量

Memo

鋁箔蛋糕杯

為了防止捲好的麵團於烤焙時散開，這裡使用一般鋁箔蛋糕杯（7號・直徑75mm）。同時也能避免肉桂奶油遇熱溢流至烤盤上。

準備

▶ 使用電子磅秤量秤材料。

> 將蛋打散至滑順後再秤重。

▶ 奶油事先置於室溫下變軟。

▶ 將牛奶加熱至40℃左右。以微波爐加熱的話，約20～30秒。

> 酵母最活躍的溫度為32～35℃。麵團溫度過低不易發酵，可以添加溫牛奶以提升麵團溫度。

影片教學

肉桂捲 1

＊秤重～基本發酵前

製作麵團

在鋼盆中成團

▼

以擠壓水的感覺

1 鋼盆裡倒入**高筋麵粉、砂糖、鹽、酵母**，然後添加**溫牛奶和蛋**，以橡膠刮刀拌合成團。

工作檯上揉麵團

▼

用力！

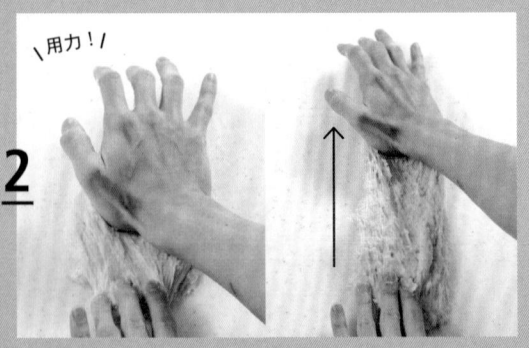

2 將麵團移至工作檯。對摺麵團並以手掌根部用力下壓且推向遠方。重複數次。起初會有些黏手，但隨著揉和動作的進行，會自然逐漸聚合成團。揉至麵團有反彈力。

累了稍微休息一下！

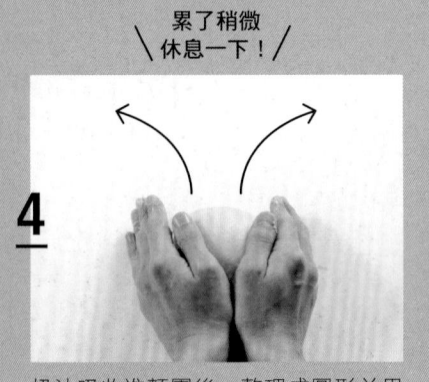

4 奶油吸收進麵團後，整理成圓形並用雙手覆蓋麵團，以左右交替向前滾動的方式揉和。藉由麵團與檯面的摩擦使表面變光滑。大約進行80～100次。

檢查是否形成麵筋！

5 慢慢拉開麵團呈薄膜狀態，可以隱約看見對側手指就 OK 了。無法均勻拉開，或者薄膜一下子就破掉，代表需要繼續揉和。

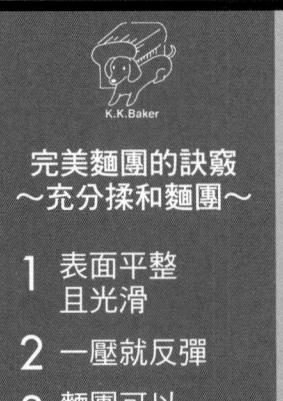

K.K.Baker

完美麵團的訣竅 ～充分揉和麵團～

1 表面平整且光滑

2 一壓就反彈

3 麵團可以拉成薄膜狀態

手指測試＆排氣

▼

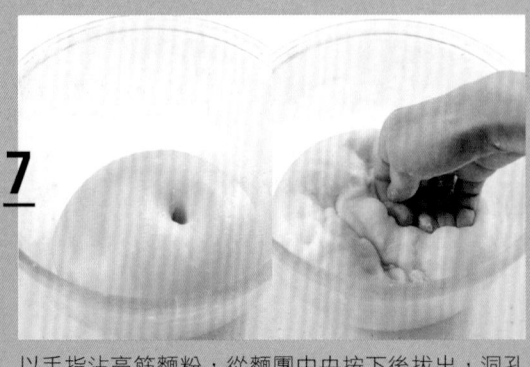

7 以手指沾高筋麵粉，從麵團中央按下後拔出，洞孔沒有消失代表發酵完成。由上往下輕壓，排除麵團裡的氣體，擠破氣泡也沒關係！

鬆弛 🕐 10分鐘

▼

8 蓋上保鮮膜，靜置於室溫下休息10分鐘。

麵團鬆弛期間

9 製作肉桂奶油。奶油裡加入精白砂糖並充分攪拌至泥狀，然後倒入肉桂拌合。

放入奶油後揉和

▼

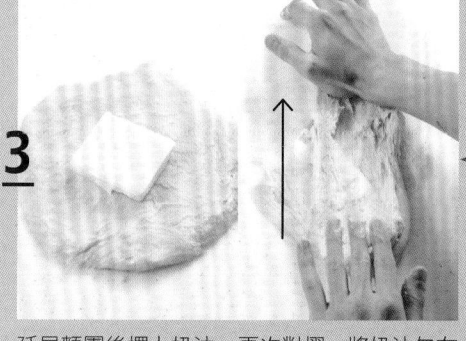

K.K.Baker

3

POINT

有耐心地揉和

奶油會抑制麵筋的形成，剛開始揉和時，麵團容易斷裂，但揉個一陣子便可以順利成團。

延展麵團後擺上奶油，再次對摺，將奶油包在裡面。以手掌根部由上往下用力按壓讓奶油吸進麵團裡。

何謂布里歐麵包麵團？

布里歐麵包使用高比例的奶油、蛋及砂糖，嚴格說來比較類似甜點，口感鬆軟輕盈。不僅入口即化，風味也非常多樣化，這種麵團適合製作甜麵包和調理麵包。由於添加高比例的蛋，麵團特徵是偏黃且黏手。剛開始揉和時有些辛苦，但過了這個關卡會逐漸變順暢。

基本發酵

🌡發酵溫度
35℃

🕐發酵時間
烤箱
50-60min

影片教學
肉桂捲 2
＊基本發酵後～出爐

\蓋上保鮮膜/　　以膨脹至原先的
　　　　　　　　\2倍大為依據！/

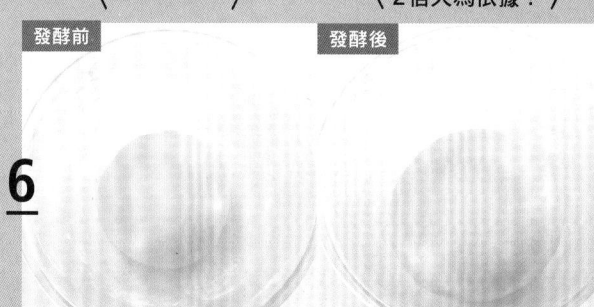
發酵前　　　　發酵後

6

POINT

判斷依據為麵團大小，不是時間

麵粉、水的溫度、揉和程度等都可能造成麵團發酵速度變慢，因此判斷是否發酵完成的依據不是時間，而是麵團是否膨脹至原先的2倍大。若膨脹程度不足，視情況逐次增加5分鐘的發酵時間。

蓋上保鮮膜，進行基本發酵。使用烤箱的發酵功能，設定為35℃、50～60分鐘。發酵膨脹至原先的2倍大就完成了。

整形

\麵團兩端/
\不壓平/

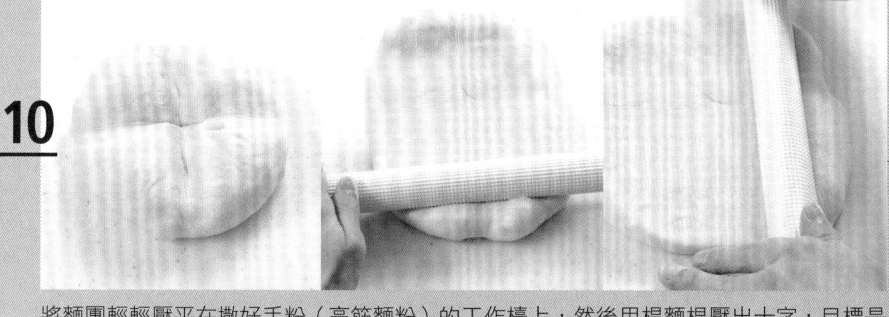

10

POINT

麵團兩端不壓平

一開始不將麵團兩端壓平，稍微保留一點厚度。如此一來，往其他方向延展時，才有多餘的麵團桿至角落以整理成方形。

將麵團輕輕壓平在撒好手粉（高筋麵粉）的工作檯上，然後用桿麵棍壓出十字，目標是桿成24×35㎝的長方形。先從中間往上下滾動延展，接著從中間往左右滾動延展。以輕柔的力道慢慢桿成目標大小。

11 ）2cm

均勻塗刷肉桂奶油，
但末端留2cm左右不
抹。

\ 確實捏緊 /

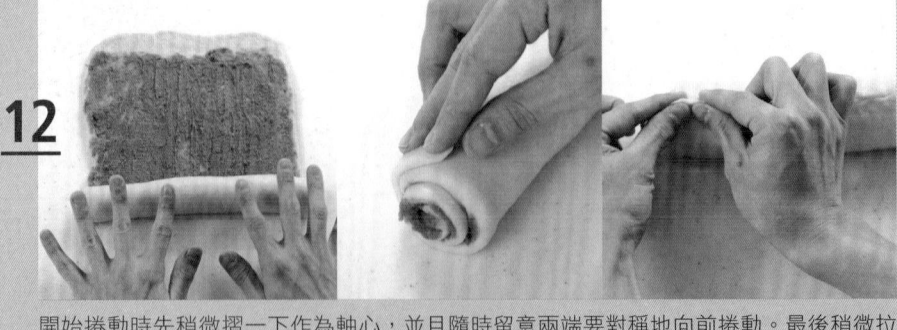

12

開始捲動時先稍微摺一下作為軸心，並且隨時留意兩端要對稱地向前捲動。最後稍微拉
動末端麵團讓收口部位呈一直線，並且捏緊收口部位。

最後發酵

🌡**發酵溫度**
35℃

⏱**發酵時間**
烤箱
30-40min

14

烤箱預熱 🌡**180℃**

\ 蓋上保鮮膜！/

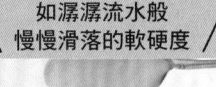

發酵前　　　　　　　發酵後

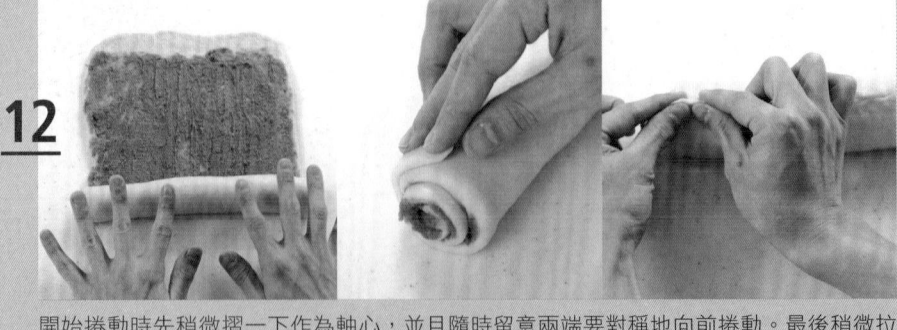

▼

POINT

**以大一圈
為依據**

整形的力道或烤箱
狀況都可能造成發
酵速度變慢。因此
判斷是否發酵完成
的依據不是時間，
而是麵團是否膨脹
至大一圈。

蓋上保鮮膜進行最後發酵。使用烤箱的發酵功能，設定為35℃、
30～40分鐘。發酵膨脹至大一圈就完成了。發酵結束後，開始預
熱烤箱（等待時，麵團持續蓋著保鮮膜置於室溫下）。

烤焙

🌡**溫度**
180℃

⏱**時間**
13-16min

16

放入烤箱，以180℃下火烤焙13～16
分鐘。出爐後擺放在網架上置涼。

出爐

如潺潺流水般
\ 慢慢滑落的軟硬度 /

17

製作糖霜。粉糖裡加入5g的水拌勻。
如果太硬，慢慢加水調整。

13

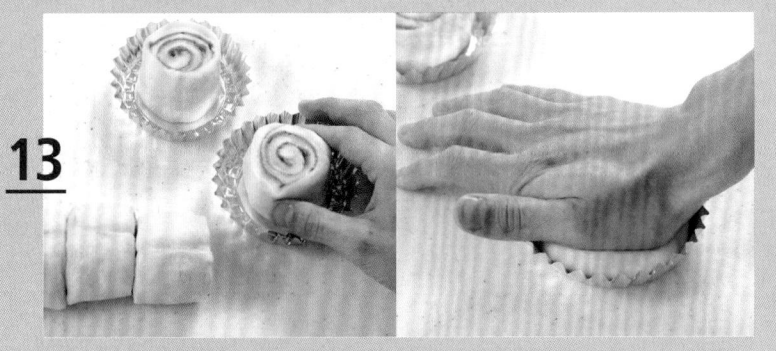

用刮板分割成6等分。以剖面朝上的方式放在鋁箔蛋糕杯裡，然後用手掌將麵團壓至一半高度。

為什麼要將麵團
壓至一半高度

分割後立即放入烤箱烤焙，肉桂捲表面容易膨脹得過高，為了烤出漂亮的肉桂捲形狀，必須事先將麵團壓扁些。剛出爐時，中心部位可能高高鼓起，但冷卻後多半會恢復正常形狀。

15

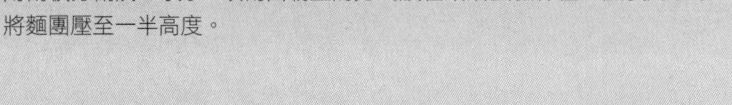

用刷子沾打散的蛋液（用剩的蛋液）塗刷在麵團表面。

塗刷蛋液
會有什麼結果

在麵團表面塗刷蛋液，經烤焙後表面呈現油亮光澤。試著想像一下奶油餐包捲，應該不難理解。另外，務必將蛋充分打散且塗刷均勻，否則烤焙後的表面顏色容易斑駁不均。

18

澆淋糖霜。靜置到糖霜凝固變硬。

變化／創意

學會肉桂捲的捲法後，可以嘗試以巧克力奶油、花生奶油取代肉桂奶油，或者內夾一些鹹味食材，做成調理麵包，肯定都非常美味。

鮪魚玉米捲

在步驟**11**中以鮪魚玉米取代肉桂奶油。瀝乾鮪魚罐、玉米罐的水分，鋪於麵團上，撒些披薩用起司後，如同製作肉桂捲的方式捲起來。

岩鹽麵包

麵團種類 奶油餐包捲麵團　**難易度** ★★

HOW TO BAKE
SALTED
BUTTER ROLL

目標口感
鬆軟

學習變化能力
· 餐包捲的整形

不同變化！

巧克力岩鹽麵包
→請參照p.91

曾經吹起一股大熱潮的岩鹽麵包是一款內包奶油，外撒岩鹽的麵包捲。奶油經烤焙後溢流出來，好比在麵團表面塗刷奶油的效果，外表酥脆，內部濕潤鬆軟。無論內外，放進嘴裡都有濃濃的奶油香氣，是一款充滿奢華感的麵包。岩鹽具有畫龍點睛的效果，使整體味道更加紮實。

材料

	6個分量	烘焙比例
高筋麵粉	168g	70
低筋麵粉	72g	30
砂糖	19g	8
鹽	3g	1.2
乾酵母	3g	1.2
水	156g	65
無鹽奶油	12g	5
麵團重量	433g	180.4

其他 奶油（餡料用、塗刷用）…48g＋15g
高筋麵粉、岩鹽…各適量

Memo

椒鹽

為了烤焙後依然能保留鹽巴形狀，特別選用加工成大顆粒的椒鹽捲餅專用的岩鹽。使用其他種類的岩鹽或粗鹽也OK。

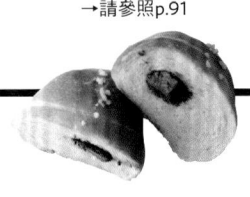

準備

▶ 使用電子磅秤量秤材料。

　最小測量單位為1g，精準秤重。

▶ 麵團用奶油事先置於室溫下變軟。餡料用奶油則切成5cm長條狀（6條，每條8g），置於冷藏室裡備用。

　塗刷用奶油於使用前再拿出來軟化，置於室溫下或冷藏室都OK！

▶ 將水加熱至40℃左右。以微波爐加熱的話，約30～40秒。

影片教學
岩鹽麵包1
＊秤重～基本發酵前

製作麵團

在鋼盆中成團

以擠壓水
的感覺

工作檯上揉麵團

用力！

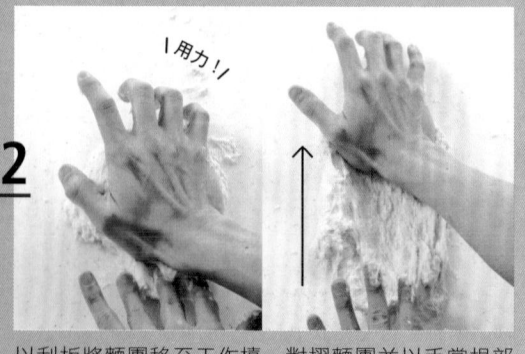

1 鋼盆裡倒入**高筋麵粉**、**低筋麵粉**、**砂糖**、**鹽**、**酵母**，然後加入**溫水**，以橡膠刮刀充分攪拌粉類和水，拌合成團。

2 以刮板將麵團移至工作檯。對摺麵團並以手掌根部用力下壓且推向遠方。重複數次，揉至麵團有反彈力。

累了稍微
休息一下！

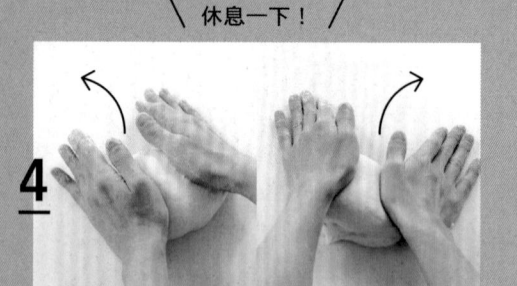

檢查是否
形成麵筋

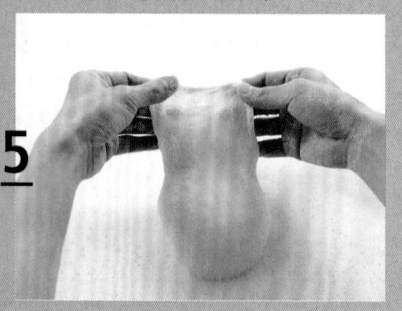

4 奶油吸收進麵團後，用雙手覆蓋麵團，以左右交替向前滾動的方式揉和。藉由麵團與檯面的摩擦使表面變光滑。大約進行80～100次。

5 慢慢將麵團拉成薄膜狀態，可以隱約看見對側手指就OK了。無法均勻拉開，或者薄膜一下子就破掉，代表需要繼續揉和。

K.K.Baker

完美麵團的訣竅
～充分揉和麵團～

1 表面平整
且光滑

2 一壓就反彈

3 麵團可以
拉成薄膜狀態

手指測試＆排氣

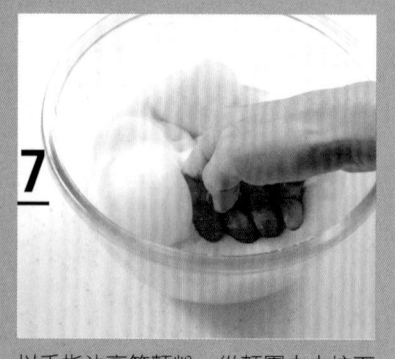

分割

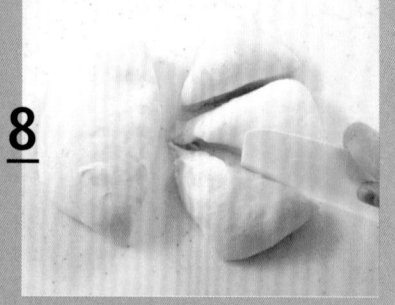

鬆弛 ⏱ 10分鐘

7 以手指沾高筋麵粉，從麵團中央按下後拔出（手指測試）。洞孔沒有消失代表發酵完成。由上往下輕壓，排除麵團裡的氣體，擠破氣泡也沒關係！

8 將麵團移至工作檯，根據麵團總重量，用刮板將麵團分割成6等分，務必調整成每一等分相同重量。

9 將麵團外側向下摺疊，邊旋轉邊整理成圓形。捏緊麵團底部收口處並朝下擺放於工作檯上。蓋上保鮮膜，靜置於室溫下休息10分鐘。

放入奶油後揉和

▼

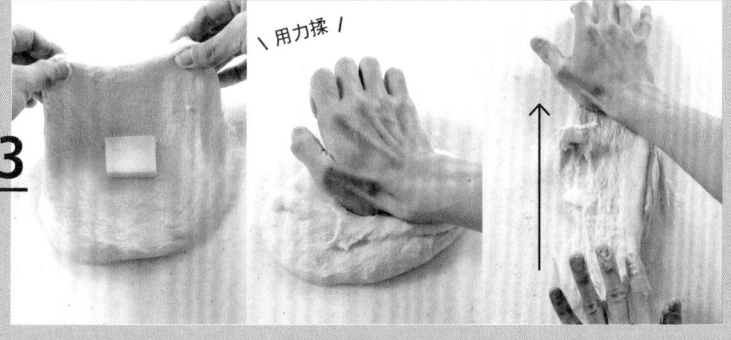

＼用力揉／

3

延展麵團後擺上奶油，再次對摺將奶油包在裡面。以手掌根部用力按壓讓奶油吸進麵團裡，然後如同步驟**2**揉麵團。起初麵團容易斷裂，但揉個2～3分鐘後就會開始變順暢。

K.K.Baker

混合低筋麵粉的麵團特色

麵包口感深受麵粉影響。筋性強的高筋麵粉能打造Q彈口感。而相較於高筋麵粉，低筋麵粉的筋性弱，若將兩者混合使用，有助於打造酥脆口感。添加低筋麵粉的麵團還有另外一個特色，那就是讓延展性降低，相對容易整形。

基本發酵

🌡 **發酵溫度**
35℃

🕐 **發酵時間**
烤箱
50-60min

影片教學
岩鹽麵包2
＊基本發酵後～出爐

＼蓋上保鮮膜／

發酵前　　發酵後

6

蓋上保鮮膜，進行基本發酵。使用烤箱的發酵功能，設定為35℃、50～60分鐘。發酵膨脹至原先的2倍大就完成了。

― **POINT** ―

判斷依據是麵團大小，不是時間

麵粉、水的溫度、揉和程度等都可能造成麵團發酵速度變慢，因此判斷是否發酵完成的依據不是時間，而是麵團是否膨脹至原先的2倍大。若膨脹程度不足，視情況逐次增加5分鐘的發酵時間。

整形

＼捏緊收口部位／

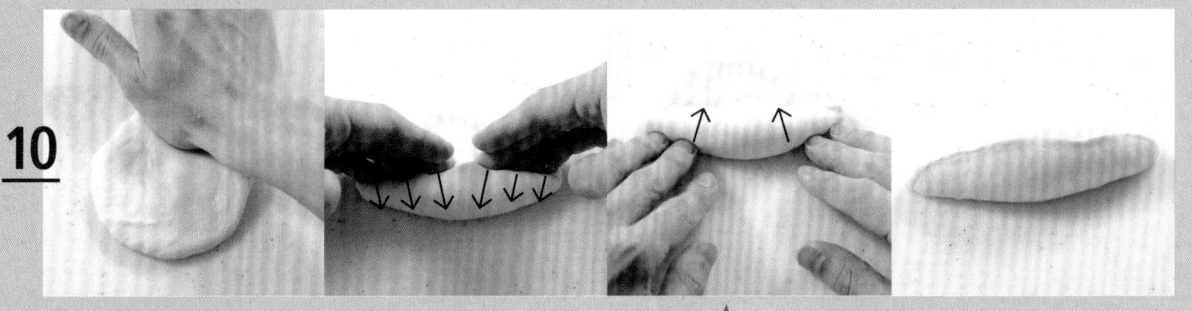

10

用手按壓延展至直徑10cm大。從靠近身體這一側開始向上捲動，捲動時邊用手指輕輕壓緊。重複同樣動作直到末端，最後捏緊末端收口部位。所有麵團塑造成同樣形狀。

― **POINT** ―

將麵團聚攏至中心

塑造成胖胖的熱狗形狀。捲動時務必意識將麵團從左右兩側聚攏至中心。

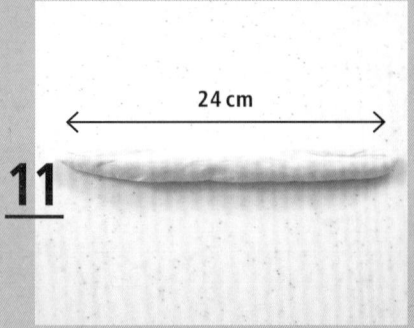

11 24 cm

接著用雙手將麵團滾成 24 cm 左右的長條狀。所有麵團都處理成這個形狀。

保留前端這個部位
不桿平

12 1/3 1/3

縱向擺放麵團，如圖所示地摺疊成三摺。桿麵棍置於中央並上下滾動，將麵團桿成水滴狀。每個麵團都重複操作步驟 **12～14**。

捲動至末端，
收口部位朝下

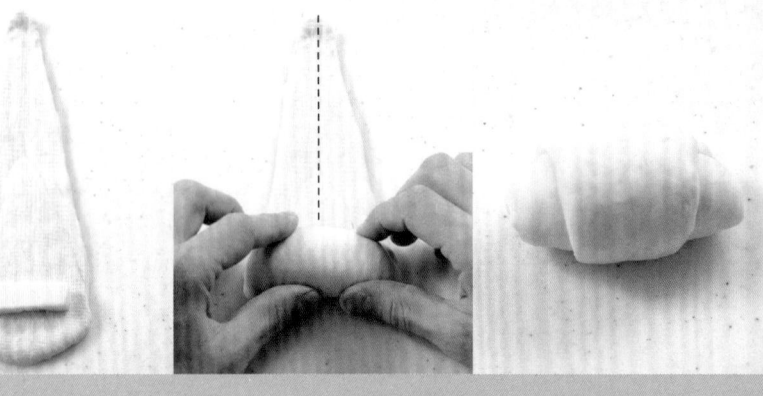

14

將奶油擺在靠近自己的這一側，蓋上麵團向前捲動，邊捲邊用手指壓緊。每個麵團同樣都用手指壓緊。捲動時隨時留意中心部位的形狀。

16

以微波爐加熱奶油 10～20 秒，融化後用刷子塗刷在麵團表面。

K.K.Baker

塗刷奶油的理由

油脂使溫度容易上升，塗刷奶油經烤焙後，表面變得鹹酥香脆。家裡若沒有刷子，可以用湯匙舀取奶油澆淋。由於內餡也是奶油，表面塗抹奶油可讓麵包內外的風味有相互呼應的效果。使用不需要事先融化備用的橄欖油也可以！

17

撒一整列的岩鹽。

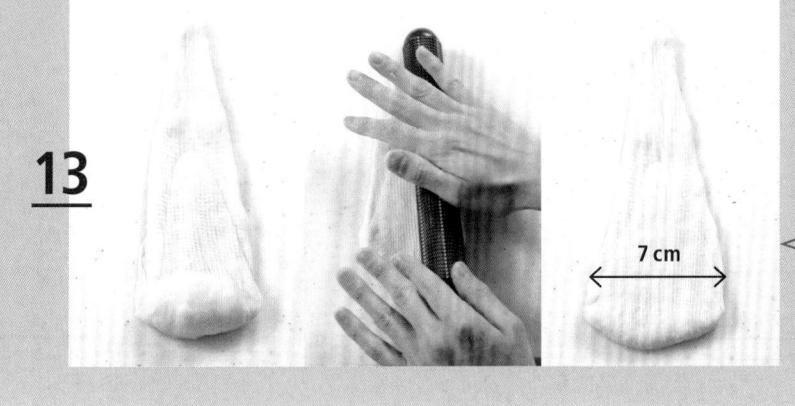

13

7 cm

將桿麵棍縱向擺放,從中間往左右兩側滾動,將靠近身體那一側且較厚的麵團延展至寬度約7cm。

POINT

比內餡用奶油的長度再寬一些

之後要將奶油捲在裡面,所以麵團的起頭部分延展得寬一些,以避免奶油突出來。

最後發酵

🌡️**發酵溫度**
35℃

⏱️**發酵時間**
烤箱
30-40min

烤箱預熱 🌡️200℃

\ 蓋上保鮮膜! /

發酵前　　　　　發酵後

15

POINT

以大一圈為依據

整形的力道或烤箱狀況都可能造成發酵速度變慢。因此判斷是否發酵完成的依據不是時間,而是麵團是否膨脹至大一圈。

蓋上保鮮膜,進行最後發酵。使用烤箱的發酵功能,設定為35℃、30～40分鐘。發酵膨脹至大一圈就完成了。發酵結束後,開始預熱烤箱(等待時,麵團持續蓋著保鮮膜並置於室溫下)。

烤焙

🌡️**溫度**
200℃

⏱️**時間**
12-15min

18

放入烤箱,以200℃下火烤焙12～15分鐘。出爐後擺放在網架上置涼。

變化/創意

以巧克力取代奶油捲在麵團裡,最後同樣在表面撒鹽。適當分量的鹽能更加突顯巧克力的甜味!

巧克力岩鹽麵包

在步驟**14**中以巧克力取代奶油,鋪上10～12g左右的巧克力,以同樣方式捲起來。

現場酥炸即刻享用
咖哩麵包

麵團種類 甜甜圈麵團　**難易度** ★★

穩居YouTube瀏覽數榜首且是熟食麵包中的王者，那就是咖哩麵包。這道食譜教大家如何輕鬆用麵皮包住咖哩餡料，以及如何包才不會造成麵皮破裂等技巧。請大家務必嘗試親手製作，細細品嘗剛出爐的鮮美滋味。相信只要試過一遍，您肯定會從「麵包用買的就好」晉升成「麵包要親手做才好吃」。同樣的麵團也能製作成甜甜圈（p.109），建議大家勇於嘗試！

HOW TO BAKE CURRY BREAD

目標口感

鬆軟且紮實

學習變化能力

· 內夾餡料

不同變化！

酵母甜甜圈
→請參照p.109

材料

	6個分量	烘焙比例
高筋麵粉	208g	80
低筋麵粉	52g	20
砂糖	26g	10
鹽	5g	2
乾酵母	3g	1.2
牛奶	161g	62
雞蛋	26g	10
無鹽奶油	26g	10
麵團重量	507g	195.2

其他　咖哩（蒸煮袋包裝）…360g（2盤分量）
馬鈴薯粉…36g
雞蛋…麵團用剩的
高筋麵粉、麵包粉、炸油…各適量

準備

▶ 使用電子磅秤量秤材料。

▶ 奶油事先置於室溫下變軟。

▶ 將牛奶加熱至40℃左右。以微波爐加熱的話，約30～40秒。

將蛋打散至滑順，精準秤重。

酵母最活躍的溫度為32～35℃。麵團溫度過低不易發酵，可以添加溫牛奶以提升麵團溫度。

影片教學
咖哩麵包 1
＊秤重～基本發酵前

製作麵團

在鋼盆中成團	工作檯上揉麵團
▼	▼

 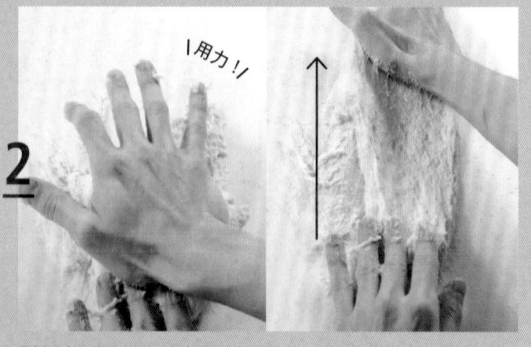

1 鋼盆裡倒入**高筋麵粉**、**低筋麵粉**、**砂糖**、**鹽**、**酵母**，然後添加溫**牛奶**、**蛋**，以橡膠刮刀充分攪拌成團。成團後用刮板將麵團移至工作檯。

2 對摺麵團並以手掌根部用力下壓且推向遠方。重複數次。起初會有些黏手，但隨著揉和動作的進行，自然逐漸聚合成團。揉至麵團有反彈力。

累了稍微\休息一下！/

檢查是否\形成麵筋/

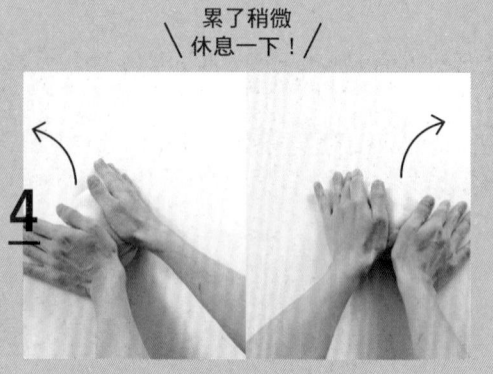 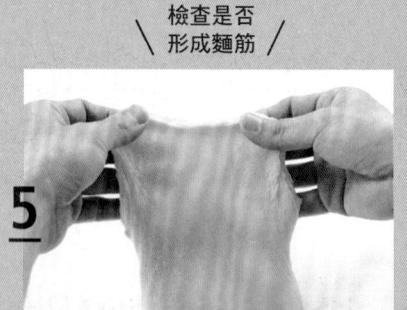

4 奶油吸收進麵團後，用雙手覆蓋麵團，以左右交替向前滾動的方式揉和。藉由麵團與檯面的摩擦使表面變光滑。大約進行80～100次。

5 慢慢拉開麵團呈薄膜狀態，可以隱約看見對側手指就OK了。無法均勻拉開，或者薄膜一下子就破掉，代表需要繼續揉和。

K.K.Baker

完美麵團的訣竅～充分揉和麵團～

1 表面平整且光滑

2 一壓就反彈

3 麵團可以拉成薄膜狀態

手指測試	排氣	分割
▼	▼	▼

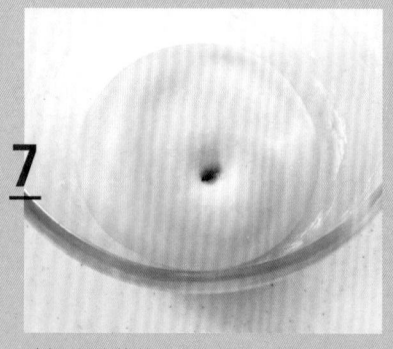 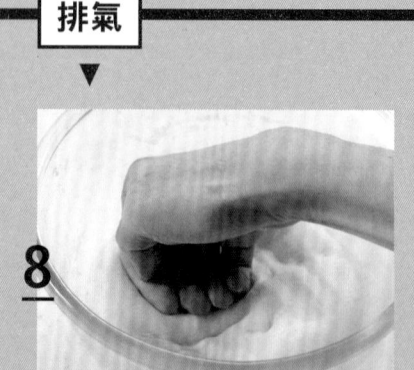 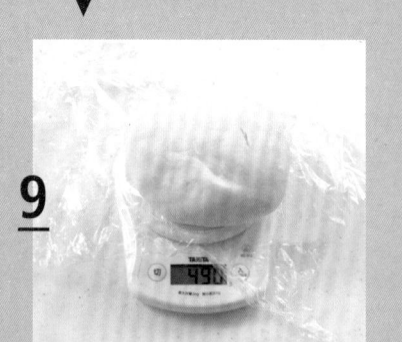

7 確認發酵狀態。以手指沾高筋麵粉，從麵團中央按下後拔出，洞孔沒有消失就代表發酵完成。

8 由上往下輕壓，排除麵團裡的氣體。整體輕壓，擠破氣泡也沒關係！

9 秤重麵團。可重複利用發酵時使用的保鮮膜。

放入奶油後揉和

▼

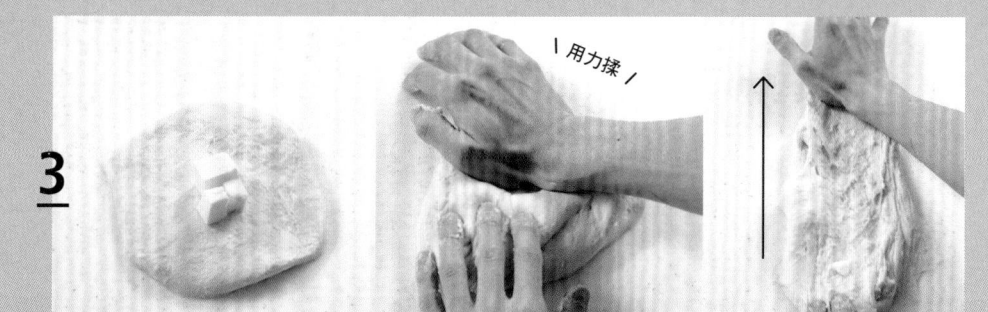

\ 用力揉 /

3

延展麵團後擺上奶油，再次對摺將奶油包在裡面。以手掌根部用力按壓讓奶油吸進麵團裡，然後如同步驟 **2** 揉麵團。起初麵團容易斷裂，但揉個 2～3 分鐘後會開始變順暢。

基本發酵

🌡️**發酵溫度**

35℃

🕐**發酵時間**

烤箱

50-60min

影片教學

咖哩麵包 2

＊基本發酵後～出爐

\ 蓋上保鮮膜！/　　　\ 以膨脹至原先的
2倍大為依據！/

發酵前　　　　　發酵後

6

蓋上保鮮膜，進行基本發酵。使用烤箱的發酵功能，設定為 35℃、50～60 分鐘。發酵膨脹至原先的 2 倍大就完成了。

┌─ *POINT* ─┐

判斷依據是麵團大小，不是時間

麵粉、水的溫度、揉和程度等都可能造成麵團發酵速度變慢，因此判斷是否發酵完成的依據不是時間，而是麵團是否膨脹至原先的 2 倍大。若膨脹程度不足，視情況逐次增加 5 分鐘的發酵時間。

| 滾圓 | 鬆弛 🕐 10分鐘 |

▼　　　　　　　　　　　　　　　　　　　　　　　▼

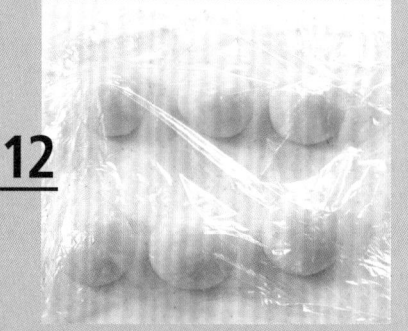

10

根據麵團總重量，以刮板將麵團平均分割成 6 等分。不等重的情況下，自多的那一份取足量補足。

11

將麵團外側向下摺疊，邊旋轉邊整理成圓形。捏緊麵團底部收口處並朝下擺放。

12

蓋上保鮮膜，靜置於室溫下休息 10 分鐘。

13

咖哩倒入鋼盆裡，加入馬鈴薯粉拌勻。靜置數分鐘後大致分成6等分。

輕鬆包住咖哩餡料的技巧

勾芡狀的咖哩餡料不容易直接包在麵團裡，而添加馬鈴薯粉有助於增加硬度。馬鈴薯原本就是咖哩飯的配料，所以這樣的組合肯定好吃。馬鈴薯粉的用量約為咖哩餡料重量的10%。

16

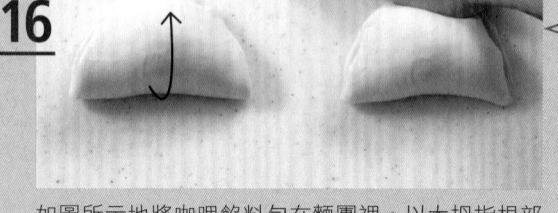

如圖所示地將咖哩餡料包在麵團裡。以大拇指根部用力壓緊封口部分。

— POINT —

用力壓緊

務必確實壓緊，否則餡料容易溢出，而且殘留於內部的空氣可能也會在油炸時造成麵皮破裂。切記用力壓緊兩側麵團接合處，將咖哩餡緊緊包在裡面。

17

收口部位朝上擺放，用手整理成橄欖球形狀。

最後發酵

🌡 **發酵溫度**
35℃

⏱ **發酵時間**
烤箱
30-40min

19

＼ 蓋上保鮮膜！ ／

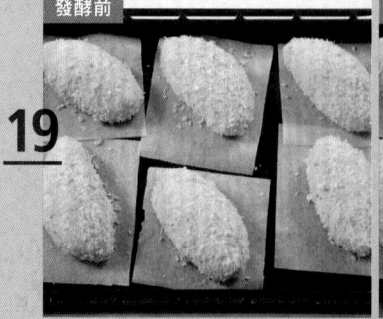

發酵前　　　發酵後

— POINT —

以大一圈為依據

整形的力道或烤箱狀況都可能造成發酵速度變慢。因此判斷是否發酵完成的依據不是時間，而是麵團是否膨脹至大一圈。

蓋上保鮮膜進行最後發酵。使用烤箱的發酵功能，設定為35℃、30～40分鐘。發酵膨脹至大一圈就完成了。

整形

14

用手輕壓延展麵團，再以桿麵棍延展成寬12cm，長15cm的橢圓形。先將桿麵棍從中央往上下滾動，接著再向左右滾動，這樣比較容易調整形狀。

15

將咖哩餡擺在略高於正中央的地方。

POINT

邊緣盡量不沾到餡料

麵團邊緣一旦沾到咖哩餡，之後難以緊密黏合。請務必將咖哩餡擺在稍微遠離麵團邊緣的地方。

輕壓讓麵團緊密沾裹麵包粉

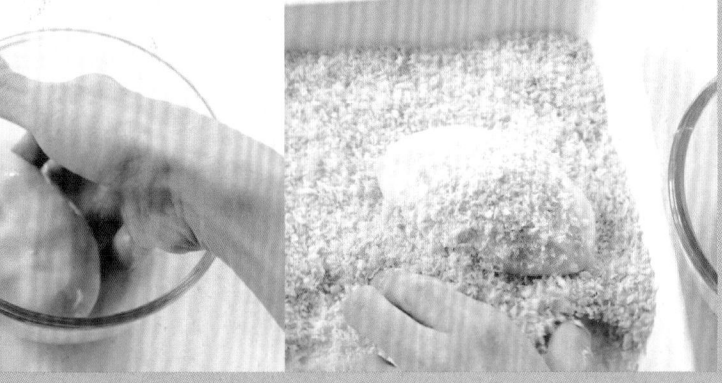

18

裁剪6張12 × 15cm大小的烘焙紙備用。麵團收口部位朝下，沾裹蛋液（麵團用剩的）和麵包粉。作業完成後置於烘焙紙上。

油炸

低溫油炸

20

確實炸熟

平底鍋裡倒入炸油，加熱至150～160℃。一次油炸3個。將麵團連同烘焙紙一起放入油鍋裡，但請立即撈出烘焙紙。單面炸至金黃色後，小心翻面並同樣炸至金黃色。兩面共計8～10分鐘。其餘麵團都是相同作法。

POINT

分二次油炸

第一次油炸時，將其餘麵團蓋上保鮮膜並置於室溫下。另外，油炸過程中翻面一次就好。

K.K.Baker

為什麼要低溫油炸

高溫油炸可能導致麵團表面焦黑，內部尚未熟透。為了讓麵團確實熟透，以低於平時處理炸物的油溫，多花個10分鐘左右慢慢油炸。由於油炸聲相對較小，可以透過觀察筷子尖端慢慢冒出氣泡的狀態來確認溫度。

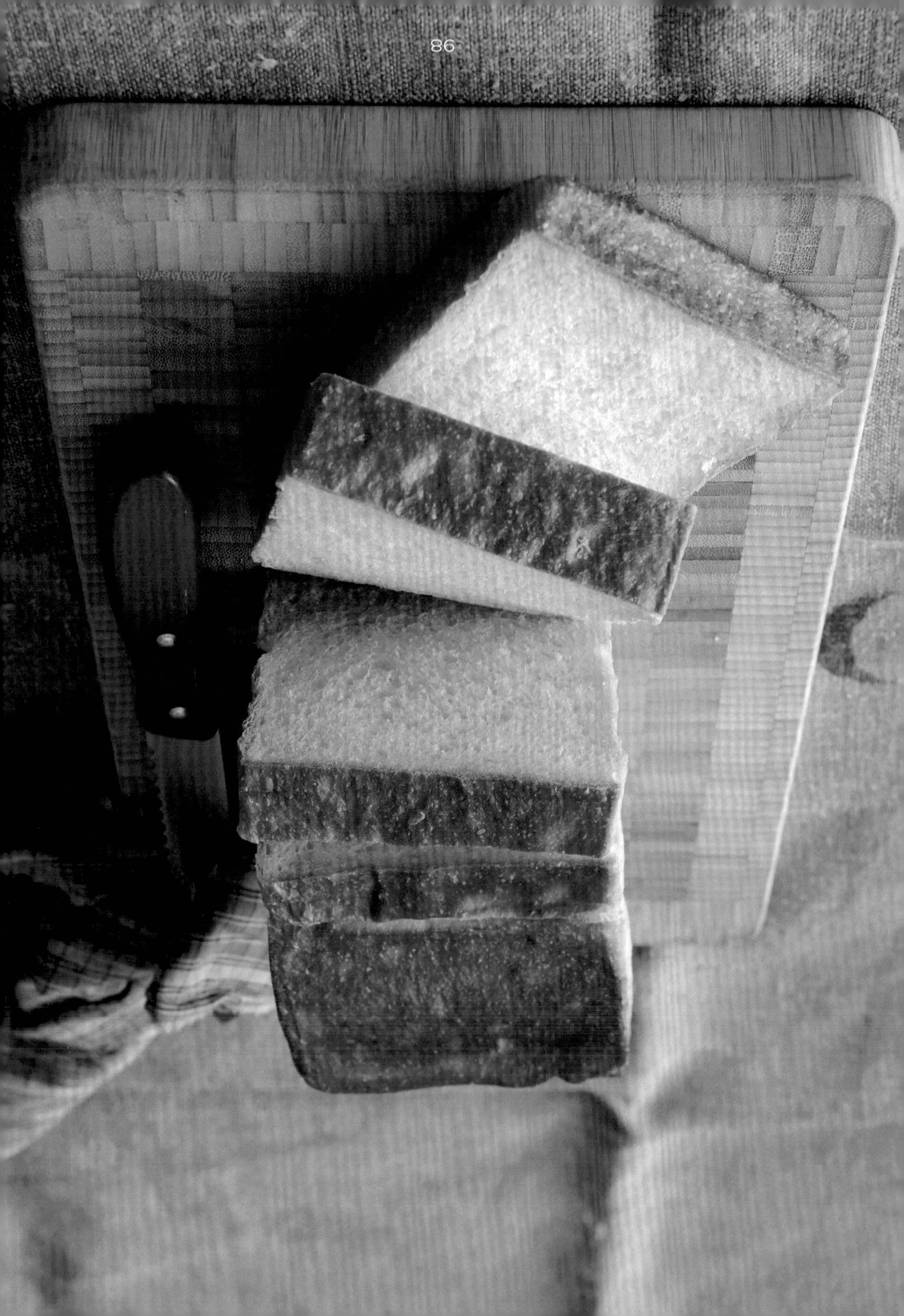

媲美麵包店等級！
鮮奶油吐司

麵團種類 鮮奶油麵團　**難易度** ★★★

基於不想每次享用時都必須再次烘烤加熱，務必於初次製作時，確實打造柔軟且入口即化的口感。為了使麵團柔軟，水分的添加相對較多，揉和成團的作業也稍嫌吃力些。但先苦後樂，烤焙出爐的麵包肯定足以媲美麵包店裡賣的高級吐司。相信大家也會因為在家竟然也能製作出這種美好滋味而感到開心。現在就請大家盡情享受使用大量鮮奶油的麵團所製作出來的鮮甜美味吧。

HOW TO BAKE RICH WHITE BREAD

目標口感
濃郁且黏彈

學習變化能力
• 讓大型麵包也能有蓬鬆柔軟的口感

材料

	1磅分量	1.5磅分量	烘焙比例
高筋麵粉	250g	400g	100
蜂蜜	35g	56g	14
砂糖	15g	24g	6
鹽	5g	8g	2
乾酵母	4g	6g	1.5
鮮奶油	50g	80g	20
水	125g	200g	50
無鹽奶油	25g	40g	10
麵團重量	509g	814g	203.5

其他　高筋麵粉⋯適量
無鹽奶油（烤模用）⋯5g

烤焙1.5磅分量的吐司時

除了在步驟10中將麵團分成3等分，在步驟16中將麵團放入烤模的兩端與中間外，其餘步驟皆和1磅分量吐司的作法相同。烤焙溫度為170℃，時間為30分鐘，然後提高溫度至200℃，再烤焙12分鐘左右。

memo

蜂蜜
除了增添風味，也由於保水性佳，即便烤焙時間較長，依舊能夠維持濕潤口感。

鮮奶油
增添濃郁香氣，豐富的味道。使用乳脂肪含量36%的鮮奶油。

準備

▶ 使用電子磅秤量秤材料。

> 最小測量單位為1g，精準秤重。

▶ 麵團用、烤模用奶油事先置於室溫下變軟。

▶ 將水加熱至40℃左右。以微波爐加熱的話，約20～30秒。

> 酵母最活躍的溫度為32～35℃。麵團溫度過低不易發酵，可以添加溫水以提升麵團溫度。

影片教學
鮮奶油吐司 1
＊秤重～基本發酵前

製作麵團　| 在鋼盆中成團 |

▼

以擠壓水
的感覺

1 鋼盆裡倒入**高筋麵粉**、**蜂蜜**、**砂糖**、**鹽**、**酵母**，然後添加**鮮奶油**、**溫水**。

2 使用橡膠刮刀充分攪拌成團。

| 放入奶油後繼續揉 |

▼

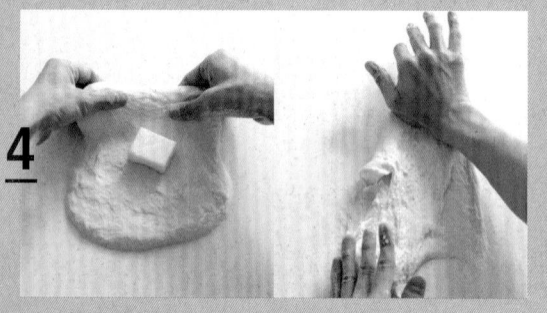

累了稍微
休息一下！

4 延展麵團後擺上奶油，對摺將奶油包在裡面。以手掌根部用力按壓讓奶油吸進麵團裡。起初麵團容易斷裂，但揉個2～3分鐘後就會開始變順暢。

5 奶油吸收進麵團後，整理成圓形，用雙手覆蓋麵團，以左右交替向前滾動的方式揉和。藉由麵團與檯面的摩擦使表面變光滑。大約進行100～150次。

基本發酵

🔥 **發酵溫度**
35℃

⏱ **發酵時間**
烤箱
50-60min

影片教學
鮮奶油吐司 2
＊基本發酵後～出爐

蓋上保鮮膜！

以膨脹至原先的
2倍大為依據！

發酵前　　　　　　　發酵後

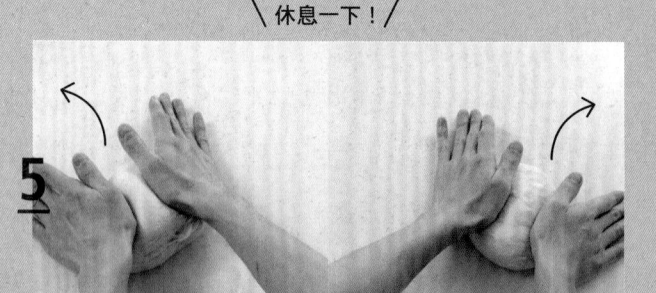

7 蓋上保鮮膜，進行基本發酵。使用烤箱的發酵功能，設定為35℃、50～60分鐘。發酵膨脹至原先的2倍大就完成了。

— POINT —

**判斷依據是麵團
大小，不是時間**

麵粉、水的溫度、揉和程度等都可能造成麵團發酵速度變慢，因此判斷是否發酵完成的依據不是時間，而是麵團是否膨脹至原先的2倍大。若膨脹程度不足，視情況逐次增加5分鐘的發酵時間。

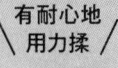

有耐心地
用力揉

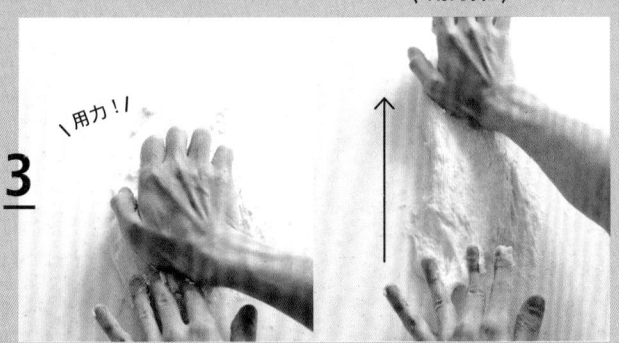

\用力！/

3

將麵團移至工作檯。對摺麵團並以手掌根部用力下壓且推向
遠方。重複數次。雖然很花時間，但隨著揉和動作的進行，
會自然逐漸聚合成團。揉至麵團有反彈力。

K.K.Baker

鮮奶油吐司的
麵團特色

添加鮮奶油的麵團味道比較濃郁且醇
厚，但因為乳脂肪（油脂）較多，麵團
不容易成團。另外，為了鬆軟口感而
多加了點水，所以麵團黏手不易揉
和。比起一般簡約麵包，麵團的揉和
作業相對困難，但只要努力克服，就
能夠享用麵包店等級的美味吐司。

6

慢慢拉開麵團呈薄膜狀態，可以隱約
看見對側手指就OK了。無法均勻拉
開，或者薄膜一下子就破掉，代表需
要繼續揉和。

— POINT —

**檢查是否形成
麵筋**

能夠拉開呈薄膜狀
態，代表確實形成麵
筋。只要能夠均勻拉
成薄膜，揉麵團作業
便告一段落。

K.K.Baker

完美麵團的訣竅
～充分揉和麵團～

1 表面平整且光滑

2 一壓就反彈

3 麵團可以拉成薄膜狀態

8

確認發酵狀態。以手指沾高筋麵
粉，從麵團中央按下後拔出，洞
孔沒有消失代表發酵完成。

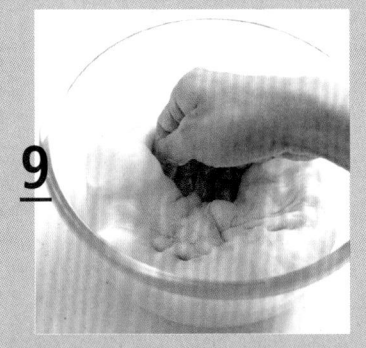

9

由上往下輕壓，排除麵團裡的氣
體。整體輕壓，擠破氣泡也沒關
係！

10

秤重麵團。將麵團移至工作檯，根據
麵團總重量，用刮板將麵團平均分割
成2等分。不等重的情況下，自多的那
一份取足量補足。盡量精準秤重。

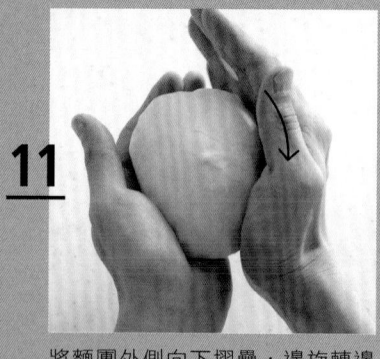

11 將麵團外側向下摺疊，邊旋轉邊整理成圓形。捏緊麵團底部收口處並朝下擺放。

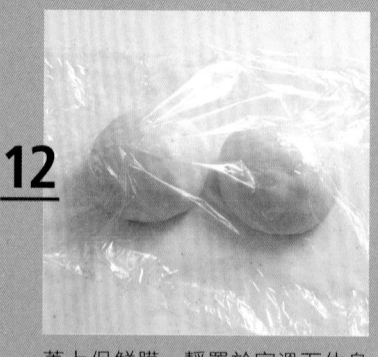

12 蓋上保鮮膜，靜置於室溫下休息10分鐘。

13 取奶油塗抹在烤模和蓋子內側的每個角落。利用保鮮膜當刷具，就不會弄髒手。

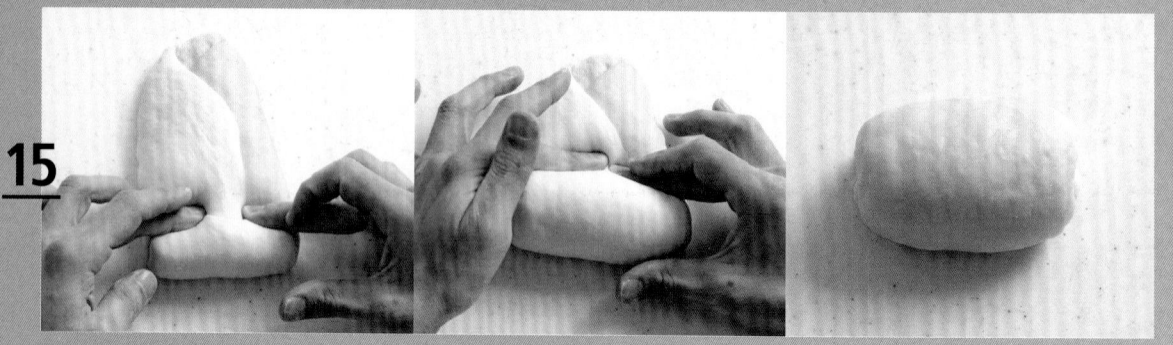

15 用手掌輕壓調整厚度，然後如圖所示地以手指用力壓出摺痕，並以此為軸心慢慢將麵團捲起來。捲動時務必用手指邊壓邊捲動至最末端。

最後發酵

🌡 發酵溫度
35℃
⏱ 發酵時間
烤箱
50-60min

烤箱預熱 🌡 170℃ ▼

放入烤模中，蓋上保鮮膜！

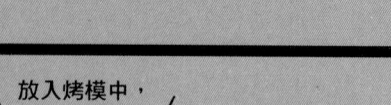

發酵前　　　　發酵後

17 蓋上保鮮膜，進行最後發酵。使用烤箱的發酵功能，設定為35℃、50～60分鐘。發酵至烤模深度8～9分滿就完成了。發酵結束後，連同烤盤預熱烤箱。

POINT

以烤模深度的8～9分滿為依據

整形時的力道或烤箱問題都可能影響發酵速度，因此不根據時間長短，而以是否膨脹至烤模深度8～9分滿為依據。若膨脹程度不足，視情況逐次追加5分鐘的發酵時間。

整形

用刮板壓一下摺痕，
方便摺疊作業

14

工作檯面撒些手粉（高筋麵粉），將麵團收口部位朝上擺放。用雙手將麵團延展成直徑18 cm左右的圓形。從麵團左或右側的 1/3 處向內摺疊，再從另外一側的 1/3 處向內摺疊。

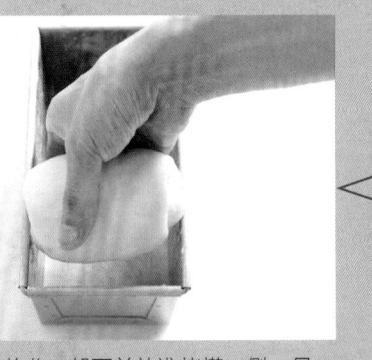

16

POINT

收口部位朝下

將收口部位朝下可藉由麵團自身的重量向下壓，所以無須額外捏緊收口處。如果不小心將收口部位朝上擺放，烤焙時可能因膨脹而造成變形，因此務必確認麵團收口部位朝下擺放。

將捲到最後的收口朝下並放進烤模一側。另一個麵團也一樣，放入烤模另一側。麵團於最後發酵時會再次膨脹，所以中間務必預留空間。

烤焙

🌡溫度　　⏱時間
170℃ 20min
▼
🌡溫度　　⏱時間
200℃ 7min

請務必置涼後
再切片

18

蓋上蓋子。務必蓋好蓋子，否則麵團烤焙時容易因膨脹而變形。請再三確認！

19

放入烤箱，以170℃下火烤焙20分鐘。然後提高溫度至200℃，再烤焙7分鐘。出爐後立即輕敲烤模數次，給予衝擊並快速脫模。擺放於網架上置涼。

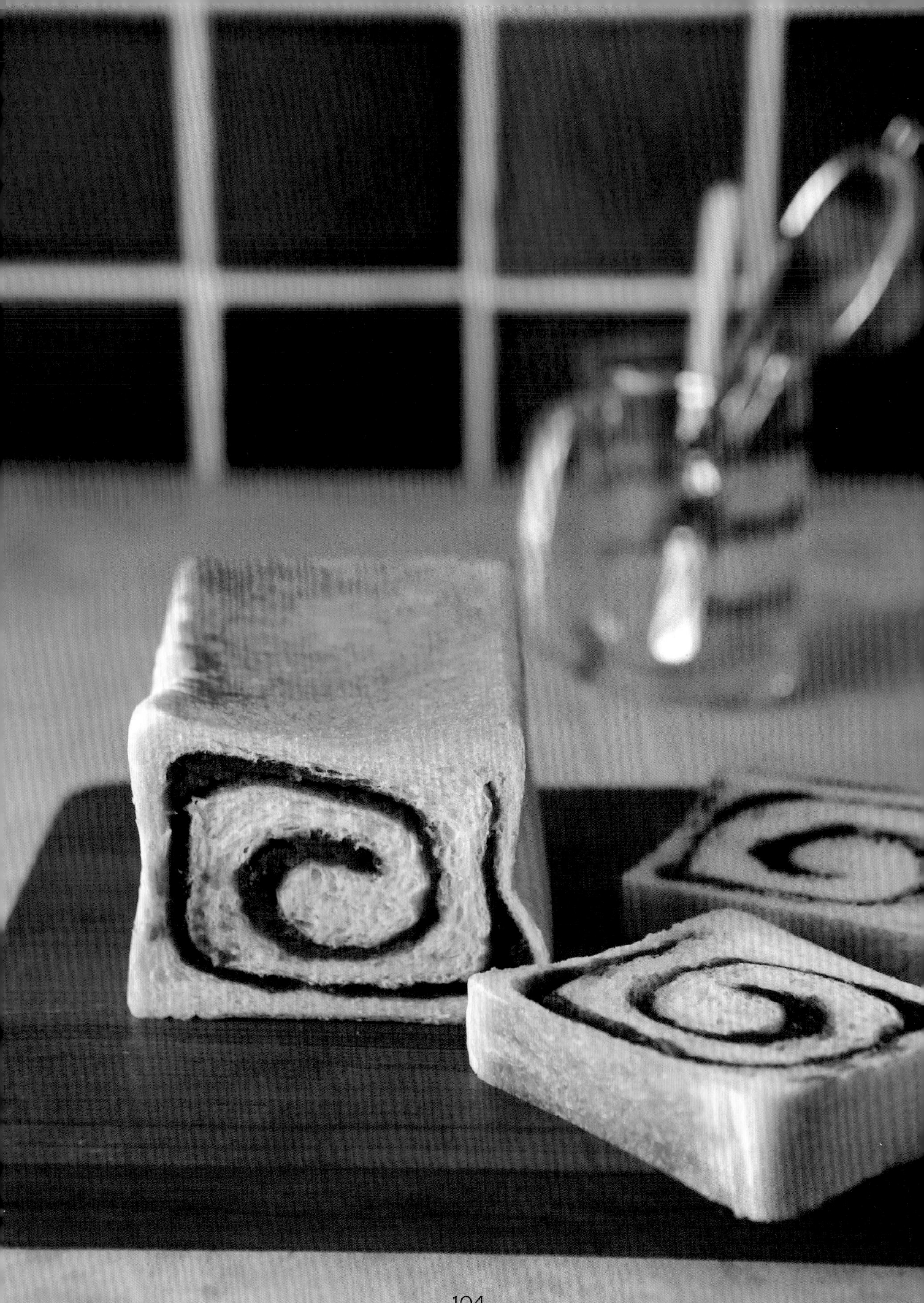

絕品！

紅豆漩渦吐司

麵團種類 **吐司麵團**　難易度 ★★★

一圈一圈的漩渦，外觀華麗，無論從哪個角度咬一口，都能吃到美味的紅豆餡。可以直接享用好滋味，也可以加熱抹上奶油，增添不同風味。使用簡約的一般吐司麵團（p.14），在延展開來的麵團上塗抹紅豆餡，捲起來就會呈現這般美麗圖樣。為了做出漂亮漩渦，將麵團延展成四方形的步驟非常重要。也建議大家嘗試創意更多不同口味的漩渦麵包。

HOW TO BAKE WHITE BREAD with red bean paste

目標口感

鬆軟中帶嚼勁

學習變化能力

- 將不同餡料捲在吐司裡

不同變化！

抹茶豆沙漩渦吐司
→請參照p.108

材料

	1磅分量	1.5磅分量	烘焙比例
高筋麵粉	250g	400g	100
砂糖	20g	32g	8
鹽	5g	8g	2
乾酵母	3g	5g	1.2
水	170g	272g	68
無鹽奶油	20g	32g	8
紅豆餡	200g	320g	80
麵團重量	668g	1069g	267.2

其他　高筋麵粉…適量
　　　無鹽奶油（烤模用）…5g

製作1.5磅分量的吐司時

從製作麵團到放入烤模都和1磅分量吐司的作法相同。烤焙溫度為200℃，時間為32分鐘。

Memo

紅豆餡

使用泥狀且容易均勻塗抹的紅豆沙。熟紅豆罐水分含量多，容易失敗。

準備

▶ 使用電子磅秤量秤材料。

> 最小測量單位為1g，精準秤重。

▶ 麵團用、烤模用奶油事先置於室溫下變軟。

▶ 將水加熱至40℃左右。若使用微波爐加熱，約30～40秒。

> 酵母最活躍的溫度為32～35℃。麵團溫度過低不易發酵，可以添加溫水以提升麵團溫度。

製作麵團~
基本發酵

＊至發酵完成

請參照p.16～18「一般
吐司」的步驟**1～9**（至
基本發酵完成）製作麵
團。

影片教學
紅豆漩渦吐司 **1**
＊秤重～基本發酵前

基本發酵
完成之後

＊從基本發酵完成後
開始說明

影片教學
紅豆漩渦吐司 **2**
＊基本發酵後～出爐

手指測試

▼

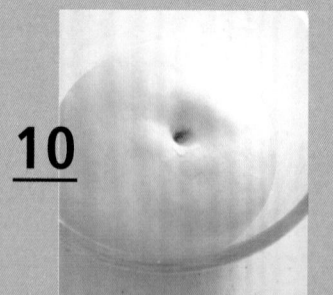

10

確認發酵狀態。以手指沾
高筋麵粉，從麵團中央按
下後拔出，洞孔沒有消失
代表發酵完成。

排氣

▼

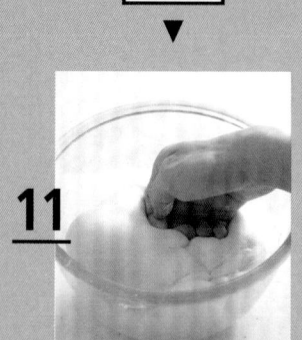

11

由上往下輕輕擠壓，排
除麵團中的氣體。整體
輕壓，擠破氣泡也沒關
係！

製作麵團

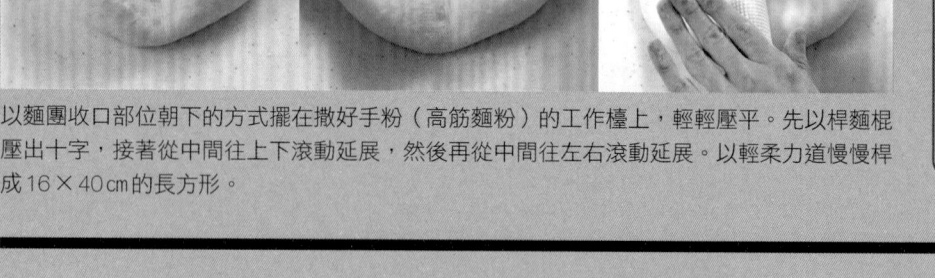

15

以麵團收口部位朝下的方式擺在撒好手粉（高筋麵粉）的工作檯上，輕輕壓平。先以桿麵棍
壓出十字，接著從中間往上下滾動延展，然後再從中間往左右滾動延展。以輕柔力道慢慢桿
成 16×40cm 的長方形。

— POINT —

從中間往上下、
左右延展

延展麵團時，記得一
定要先將桿麵棍置於
中間，從中間往上下
滾動，從中間往左右
滾動，以均勻的力道
朝各個方向延展。千
萬不要一開始就使勁
出力，而是要以輕柔
的力道慢慢滾動延展。

17

均勻塗抹紅豆餡，但麵團末端預留2cm
不抹。

— POINT —

分散置於
3個部位

將紅豆餡料分散置
於前方、中間和後
方3個部位，方便
輕鬆且均勻塗抹。

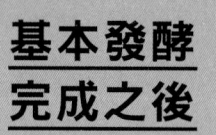

18

開始捲動時先稍微向前摺一下作為軸
心，並且隨時留意兩端要均勻地向前捲
動。邊捲動邊留意形狀。

106

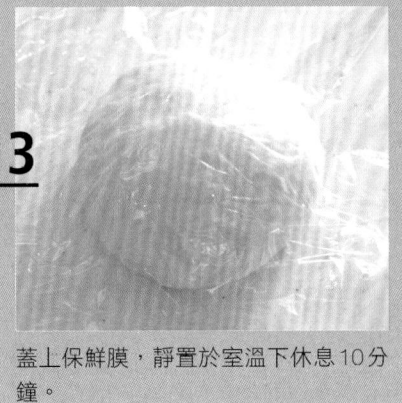

12 在工作檯上將麵團外側向下摺疊，邊旋轉邊整理成圓形。捏緊麵團底部收口處並朝下擺放。

13 蓋上保鮮膜，靜置於室溫下休息10分鐘。

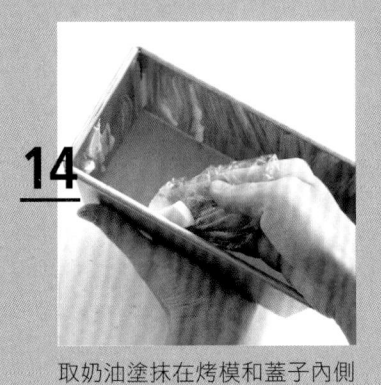

14 取奶油塗抹在烤模和蓋子內側的每個角落。利用保鮮膜當刷具，就不會弄髒手。

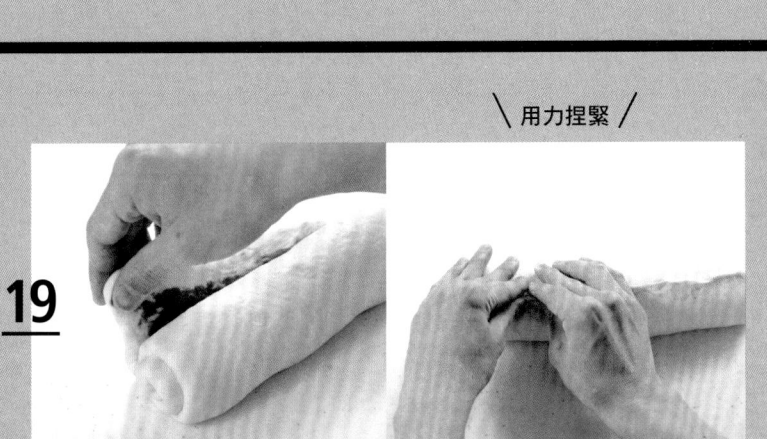

16 訣竅在於邊角不要一開始延展得太薄，稍微保留一點厚度。這樣往其他方向延展時，才容易將麵團整理成方形。

16 cm
40 cm

K.K.Baker

延展成長方形

為了配合烤模，將麵團延展成寬16cm（由於麵團會再膨脹，所以稍微短一些），長40cm的大小。塗抹紅豆餡料後捲起來，捲的次數愈多，紅豆餡的分布愈均勻，而漩渦數愈多，切片後也會更漂亮。假使麵團不容易延展，先暫時靜置休息5分鐘，但在靜置過程中，為避免麵團乾燥，建議蓋上保鮮膜。

\ 用力捏緊 /

\ 收口部位朝下 /

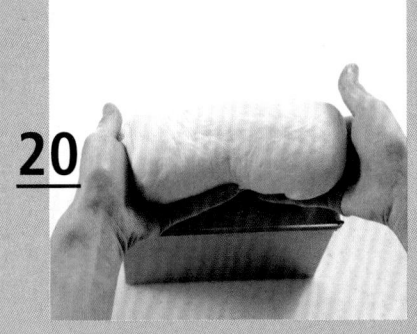

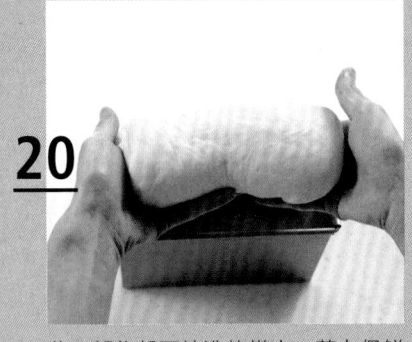

19 最後稍微拉一下麵團末端讓收口部位呈一直線，並且捏緊收口部位。

20 收口部位朝下放進烤模中，蓋上保鮮膜（進行最後發酵）。

最後發酵

🌡**發酵溫度**
35℃

⏱**發酵時間**
烤箱
50-60min

\ 放入烤模中，/
\ 蓋上保鮮膜！/

發酵前　　　　　發酵後

21

進行最後發酵。使用烤箱的發酵功能，設定為35℃、50～60分鐘。發酵至烤模深度8～9分滿就完成了。發酵完成後，連同烤盤一起預熱烤箱。

POINT

以烤模深度的8～9分滿為依據

整形時的力道或烤箱問題都可能影響發酵速度，因此不根據時間長短，而以是否膨脹至烤模深度8～9分滿為依據。若膨脹程度不足，視情況逐次追加5分鐘的發酵時間。

22

蓋上蓋子。務必蓋好蓋子，否則麵團經烤焙後容易因膨脹而變形。請再三確認！

POINT

烤焙後膨脹得更大

最後發酵時麵團膨脹至烤模深度的8～9分滿，但經烤焙後會再進一步膨脹。透過蓋緊蓋子讓麵團往角落膨脹，就能確實打造出有稜有角的吐司。

烤焙

🌡**溫度**
200℃

⏱**時間**
25min

\ 務必置涼後再切片 /

23

放入烤箱，以200℃下火烤焙25分鐘。出爐後立即輕敲烤模數次，給予衝擊並快速脫模。擺放於網架上置涼。

變化／創意

使用各種內餡，
享用口味多樣化的漩渦吐司。
只要是泥狀餡料，
切開時自然呈現漂亮的漩渦圖紋。

**抹茶豆沙漩渦吐司
果醬漩渦吐司**

製作「抹茶豆沙漩渦吐司」時，在步驟**17**中，將200g白豆沙餡和5g抹茶粉混拌在一起，然後塗抹於麵團上。而製作「果醬漩渦吐司」時，則將150g草莓果醬和6g玉米澱粉混拌在一起，先以微波爐（600W）加熱90秒，攪拌一下再加熱60秒，置涼後塗抹於麵團上。

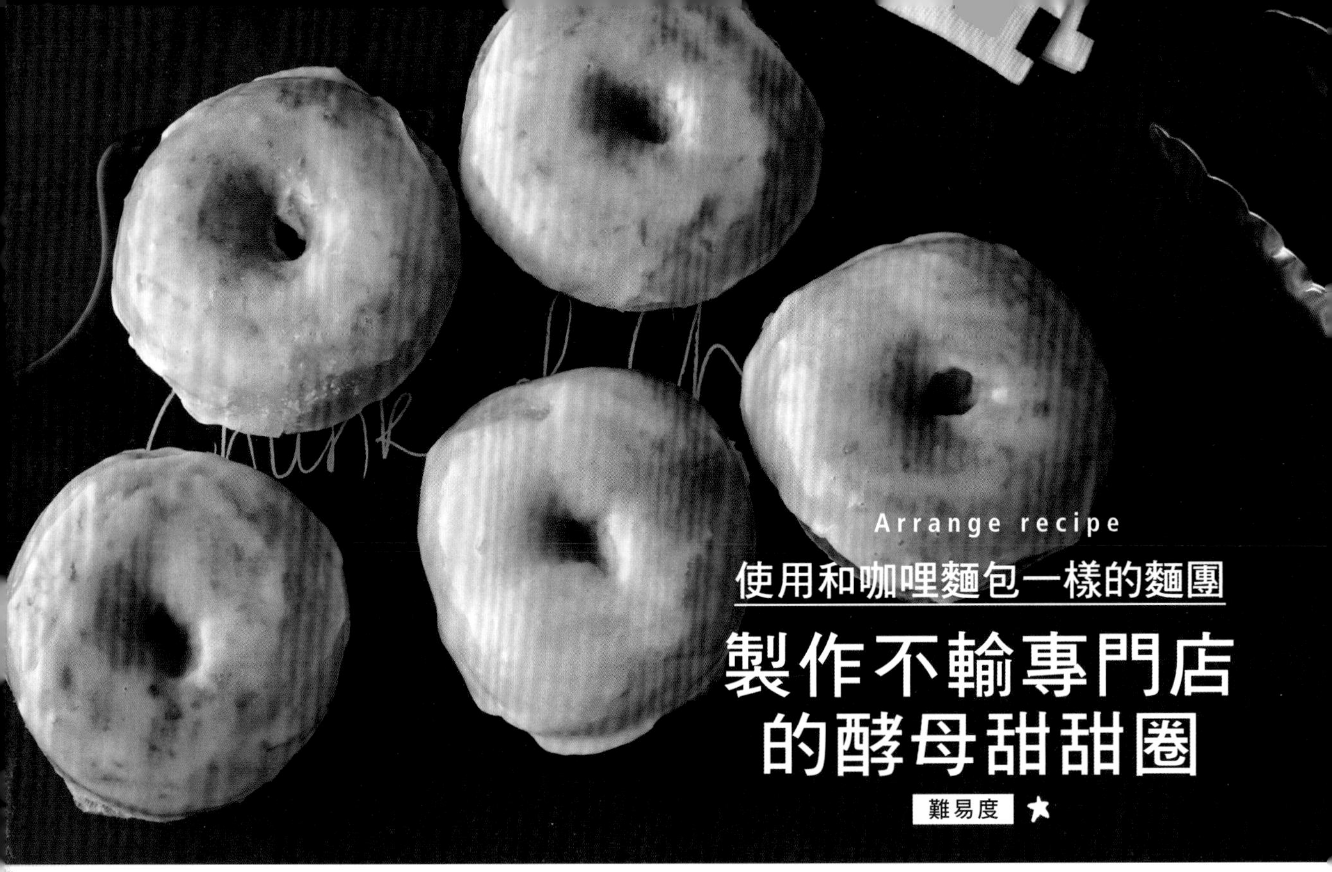

使用和咖哩麵包一樣的麵團

製作不輸專門店的酵母甜甜圈

難易度 ★

材料

請參照p.93

糖霜
糖粉…90g　水…15g～

其他
炸油…適量

製作麵團～基本發酵

＊至鬆弛作業結束

請參照p.94～95「咖哩麵包」的步驟 **1～12**（鬆弛作業結束）製作麵團。

整形

＊從鬆弛作業後的狀態開始說明

影片教學
酵母甜甜圈
＊整形～出爐

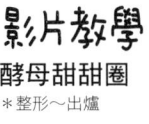

13

大拇指插入麵團正中間，慢慢挖出一個約3cm大小的洞孔。置於裁切成12×12cm大小的烘焙紙上。

最後發酵

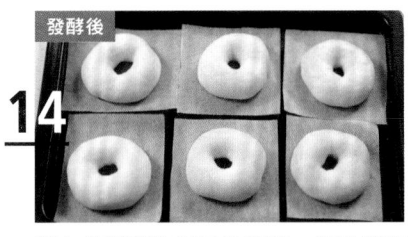

發酵後

14

蓋上保鮮膜進行最後發酵。使用烤箱的發酵功能，設定為35℃、30～40分鐘。發酵膨脹至大一圈就完成了。

\ 兩面共 /
\ 10分鐘左右 /

15

平底鍋裡倒入炸油，加熱至150～160℃。一次油炸3個甜甜圈，以低溫慢慢炸至單面呈金黃色，然後翻面同樣炸至金黃色。

\ 如潺潺流水般慢慢滑落的軟硬度 /

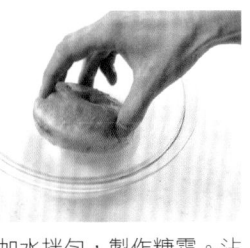

16

粉糖裡加水拌勻，製作糖霜。沾裹在甜甜圈單側，並置於網架上直到糖霜凝固。

製作麵包的器具

基本器具

製作各種麵包都會使用的共通器具。
除了較為特別的刮板外，其餘皆為廚房常見器具。

牢記刮板寬度約12cm，整形時可作為估計麵團寬度的依據。

鋼盆

用於製作麵團。直徑21～24cm較為容易使用。耐熱玻璃、不鏽鋼等材質都可以。

橡膠刮刀

用於攪拌麵團。攪拌部分為矽膠或橡膠材質，有足夠硬度可以舀起麵團。

\ 有把刮板更方便！/

刮板

用於將麵糊聚攏成團並從鋼盆裡移至工作檯，或者用於分割麵團。

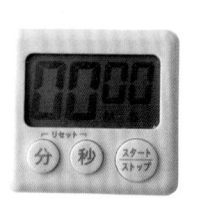

電子磅秤

磅秤用於量測鹽、酵母等少量材料，建議使用最小測量單位為1g，上限2kg的電子磅秤。正確量測水或牛奶等材料。

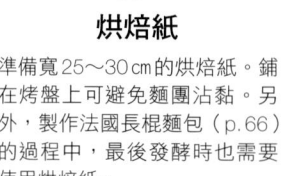

保鮮膜

準備寬30cm的保鮮膜。除了用於防止麵團因水分蒸發而乾燥，進行發酵、鬆弛或整形前的待機，也都需要蓋上保鮮膜。

烘焙紙

準備寬25～30cm的烘焙紙。鋪在烤盤上可避免麵團沾黏。另外，製作法國長棍麵包（p.66）的過程中，最後發酵時也需要使用烘焙紙。

計時器

用於測量發酵時間和鬆弛時間。但進行發酵時，千萬不要只依賴時間，務必透過觀察麵團狀態以判斷發酵是否完成。

烤箱

一般市面上有電烤箱和瓦斯烤箱2種。本書記載的溫度與烤焙時間皆以電烤箱為依據。近年來的烤箱都附有發酵功能，無論基本發酵或最後發酵，全都使用烤箱完成。

依麵包種類而特別需要的器具

麵包種類五花八門，有的需要烤模輔助，有的則需要整形技巧。
隨著準備的器具與日俱增，能夠製作的麵包種類也愈來愈多樣化。

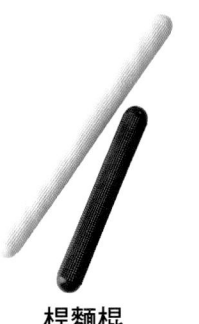

桿麵棍

用於壓平延展麵團。備齊大小
尺寸更方便，但基本上準備一
支大尺寸的桿麵棍就夠用了。
照片為用於幫麵團排氣的桿麵
棍。

噴霧瓶

用於製作硬式麵包。在麵團上
噴霧，有助於麵包經烤焙後，
表面變得更加酥脆。

切痕刀

用於在麵團上劃切痕。以一般
的刀子、菜刀、修容剃刀取代
也可以。

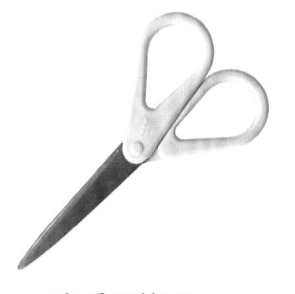

廚房用剪刀

除了用於製作培根麥穗法國麵包
（p.74）過程中的整形作業，也
於製作法式小餐包（p.22）時，
在麵團上壓痕以方便快速切痕。

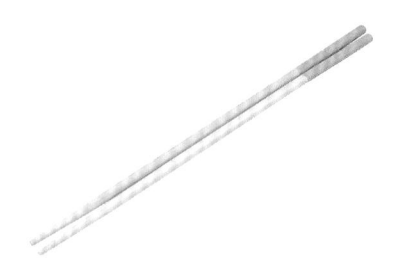

料理用長筷子

用於製作白麵包（p.30）過程
中的整形作業。將筷子用力下
壓至底部，然後上下滾動以打
造溝槽。

濾茶器

用於將高筋麵粉或上新粉篩撒
在麵包表面。選擇網孔細密的
濾茶器。

刷子

用於將油脂或打散的蛋液塗刷
在麵團表面，也用於將奶油塗
刷在烤模內側。豬鬃或羊毛等
天然材質的刷毛軟硬度適中，
塗刷起來較為順暢且輕鬆。

吐司烤模

本書使用1磅的吐司烤模（內文一併收
錄1.5磅吐司的材料分量）。沒有使用蓋
子的情況下，烤焙後吐司呈山型；使用
蓋子的情況下，吐司則呈四方形。建議
使用耐用且熱傳導率佳的碎化鉛材質。

K.K.Baker

1991年12月31日出生於日本神奈川縣。是一名YouTuber，也致力於研究如何在家自己做麵包。從小喜歡烹飪和做麵包，大學更專攻發酵食品學。曾在餐飲店累積實務經驗，並於料理教室擔任講師，自2018年起，以任何人都不會失敗的麵包與蛋糕為主題，開始經營YouTube頻道。以淺顯易懂的方式解說理論而深受好評，目前頻道訂閱數已經超過13萬人。

HAJIMETE DEMO KOTSU GA WAKARU KARA SHIPPAI SHINAI
PAN ZUKURI GA TANOSHIKU NARU HON
© Kanzenkankakubaker 2021
First published in Japan in 2021 by KADOKAWA CORPORATION, Tokyo.
Complex Chinese translation rights arranged with KADOKAWA CORPORATION, Tokyo
through CREEK & RIVER Co., Ltd.

了解原理就不會失敗！
麵包入門必修課

出　　　版／楓葉社文化事業有限公司
地　　　址／新北市板橋區信義路163巷3號10樓
郵 政 劃 撥／19907596　楓書坊文化出版社
網　　　址／www.maplebook.com.tw
電　　　話／02-2957-6096
傳　　　真／02-2957-6435
作　　　者／K.K.Baker
翻　　　譯／龔亭芬
責 任 編 輯／王綺
內 文 排 版／洪浩剛
校　　　對／邱怡嘉
港 澳 經 銷／泛華發行代理有限公司
定　　　價／350元
初 版 日 期／2022年8月

國家圖書館出版品預行編目資料

了解原理就不會失敗！麵包入門必修課／
K.K.Baker作；龔亭芬翻譯. -- 初版. -- 新北市：
楓葉社文化事業有限公司, 2022.08　面；公分
ISBN 978-986-370-436-2（平裝）

1. 點心食譜　2. 麵包

427.16　　　　　　　　　　　111008428